玉器白描设计

主　编　郑蔚珊
副主编　王大勇

北京理工大学出版社
BEIJING INSTITUTE OF TECHNOLOGY PRESS

内 容 提 要

本书根据"基于工作过程系列化"新教学模式的基本要求编写。全书共分为三个教学模块，包括白描基础、植物类玉器白描设计和人物类玉器白描设计。本书在编写过程中，按照玉器设计过程中典型的工作任务，引导学生经历玉器白描设计的整个工作过程；从设计案例到知识点、从任务实操到项目实训、从平面设计到立体设计，形成了一个有效的方法链，以突出未来职业岗位能力本位教育。

本书可作为高等院校美术专业的教材，也可作为玉雕艺术设计与制作行业的培训教材，还可作为广大玉雕设计爱好者的学习参考书。

图书在版编目（CIP）数据

玉器白描设计 / 郑蔚珊主编.—北京：北京理工大学出版社，2018.8
ISBN 978-7-5682-6297-2

Ⅰ.①玉…　Ⅱ.①郑…　Ⅲ.①玉器－白描－设计－职业教育－教材　Ⅳ.①TS932.1

中国版本图书馆CIP数据核字(2018)第206306号

出版发行 / 北京理工大学出版社有限责任公司
社　　　址 / 北京市海淀区中关村南大街 5 号
邮　　　编 / 100081
电　　　话 / （010）68914775（总编室）
　　　　　　（010）82562903（教材售后服务热线）
　　　　　　（010）68948351（其他图书服务热线）
网　　　址 / http: //www.bitpress.com.cn
经　　　销 / 全国各地新华书店
印　　　刷 / 北京紫瑞利印刷有限公司
开　　　本 / 889 毫米 ×1194 毫米　1/16
印　　　张 / 6.5
字　　　数 / 181 千字
版　　　次 / 2018 年 8 月第 1 版　2018 年 8 月第 1 次印刷
定　　　价 / 72.00 元

责任编辑 / 王玲玲
文案编辑 / 王玲玲
责任校对 / 周瑞红
责任印制 / 边心超

总序 GENERAL PREFACE

20 世纪 80 年代初，中国真正的现代艺术设计教育开始起步。20 世纪 90 年代末以来，中国现代产业迅速崛起，在现代产业大量需求设计人才的市场驱动下，我国各大院校实行了扩大招生的政策，艺术设计教育迅速膨胀。迄今为止，几乎所有的高校都开设了艺术设计类专业，艺术类专业已经成为最热门的专业之一，中国已经发展成为世界上最大的艺术设计教育大国。

但我们应该清醒地认识到，艺术和设计是一个非常庞大的教育体系，包括了设计教育的所有科目，如建筑设计、室内设计、服装设计、工业产品设计、平面设计、包装设计等，而我国的现代艺术设计教育尚处于初创阶段，教学范畴仍集中在服装设计、室内装潢、视觉传达等比较单一的设计领域，设计理念与信息产业的要求仍有较大的差距。

为了符合信息产业的时代要求，中国各大艺术设计教育院校在专业设置方面提出了"拓宽基础、淡化专业"的教学改革方案，在人才培养方面提出了培养"通才"的目标。正如姜今先生在其专著《设计艺术》中所指出的"工业 + 商业 + 科学 + 艺术 = 设计"，现代艺术设计教育越来越注重对当代设计师知识结构的建立，在教学过程中不仅要传授必要的专业知识，还要讲解哲学、社会科学、历史学、心理学、宗教学、数学、艺术学、美学等知识，以培养出具备综合素质能力的优秀设计师。另外，在现代艺术设计院校中，对设计方法、基础工艺、专业设计及毕业设计等实践类课程也越来越注重教学课题的创新。

理论来源于实践、指导实践并接受实践的检验，我国现代艺术设计教育的研究正是沿着这样的路线，在设计理论与教学实践中不断摸索前进。在具体的教学理论方面，几年前或十几年前的教材已经无法满足现代艺术教育的需求，知识的快速更新为现代艺术教育理论的发展提供了新的平台，兼具知识性、创新性、前瞻性的教材不断涌现出来。

随着社会多元化产业的发展，社会对艺术设计类人才的需求逐年增加，现在全国已有 1400 多所高校设立了艺术设计类专业，而且各高等院校每年都在扩招艺术设计专业的学生，每年的毕业生超过 10 万人。

随着教学的不断成熟和完善，艺术设计专业科目的划分越来越细致，涉及的范围也越来越广泛。我们通过查阅大量国内外著名设计类院校的相关教学资料，深入学习各相关艺术院校的成功办学经验，同时邀请资深专家进行讨论认证，发觉有必要推出一套新的，较为完整、系统的专业院校艺术设计教材，以适应当前艺术设计教学的需求。

我们策划出版的这套艺术设计类系列教材，是根据多数专业院校的教学内容安排设定的，所涉及的专业课程主要有艺术设计专业基础课程、平面广告设计专业课程、环境艺术设计专业课程、动画专业课程等。同时还以专业为系列进行了细致的划分，内容全面、难度适中，能满足各专业教学的需求。

本套教材在编写过程中充分考虑了艺术设计类专业的教学特点，把教学与实践紧密地结合起来，参照当今市场对人才的新要求，注重应用技术的传授，强调学生实际应用能力的培养。而且，每本教材都配有相应的电子教学课件或素材资料，可大大方便教学。

在内容的选取与组织上，本套教材以规范性、知识性、专业性、创新性、前瞻性为目标，以项目训练、课题设计、实例分析、课后思考与练习等多种方式，引导学生考察设计施工现场、学习优秀设计作品实例，力求教材内容结构合理、知识丰富、特色鲜明。

本套教材在艺术设计类专业教材的知识层面也有了重大创新，做到了紧跟时代步伐，在新的教育环境下，引入了全新的知识内容和教育理念，使教材具有较强的针对性、实用性及时代感，是当代中国艺术设计教育的新成果。

本套教材自出版后，受到了广大院校师生的赞誉和好评。经过广泛评估及调研，我们特意遴选了一批销量好、内容经典、市场反响好的教材进行了信息化改造升级，除了对内文进行全面修订外，还配套了精心制作的微课、视频，提供了相关阅读拓展资料。同时将策划出版选题中具有信息化特色、配套资源丰富的优质稿件也纳入到了本套教材中出版，以适应当前信息化教学的需要。

本套教材是对教育信息化教材的一种探索和尝试。为了给相关专业的院校师生提供更多增值服务，我们还特意开通了"建艺通"微信公众号，负责对教材配套资源进行统一管理，并为读者提供行业资讯及配套资源下载服务。如果您在使用过程中，有任何建议或疑问，可通过"建艺通"微信公众号向我们反馈。

诚然，中国艺术设计类专业的发展现状随着市场经济的深入发展将会逐步改变，也会随着教育体制的健全不断完善，但这个过程中出现的一系列问题，还有待我们进一步思考和探索。我们相信，中国艺术设计教育的未来必将呈现出百花齐放、欣欣向荣的景象！

肖　勇　傅　祎

"建艺通"微信
公众号

前言 PREFACE ···◎

　　玉器白描设计是一门理论和实践相结合的专业核心课程。该课程以设计素描、平面构成、色彩构成、立体构成、玉器纹样设计等专业课程为基础，是学习仿真设计与制作、玉雕设计与制作课程的基础。

　　本书是"基于工作过程系列化"新教学模式的教改成果。按照玉器设计过程中典型的工作任务，引导学生经历玉器白描设计的整个工作过程。以真实项目为载体，将白描基础知识与玉器设计专业知识有机结合，引导学生完成玉石上的白描设计。

　　全书共分为三个模块，模块一系统地介绍了白描基础知识；模块二采用"学赛结合"模拟教学的形式展开教学；模块三通过"工作过程"的真实项目展开教学。三个模块的难度循序渐进，各模块的内容是相对独立的，都以项目为中心展开知识点和任务训练的阐述，且所有的知识点和任务训练都为项目服务。

　　本书按照图文并茂、繁简得当、深入浅出的原则，以典型工作任务为原型，以基于工作过程导向的理念编写。书中配套有学习视频，读者可扫描二维码观看。本书编写过程中，从设计案例到知识点、从任务实操到项目实训、从平面设计到立体设计，形成了一个有效的方法链。

　　本书课时安排（建议 60 课时）如下：

模块	课程内容		课时
模块一 白描基础	一、玉器白描设计概述	1. 白描的定义 2. 玉器白描设计的定义 3. 玉器白描设计的艺术特征 4. 白描的工具与材料	12
	二、白描技法	1. 执笔的方法 2. 运笔的要领 3. 用笔的法则	
	三、临摹花卉、人物白描相关知识	1. 临摹花卉白描相关知识 2. 临摹人物白描相关知识	
模块二　植物类玉器白描设计	一、项目要求 二、实施过程 三、设计案例 四、相关知识 五、任务实训		24
模块三　人物类玉器白描设计	一、项目要求 二、实施过程 三、设计案例 四、相关知识 五、任务实训		24

　　本书可作为高等院校美术专业的教材，也可作为玉雕艺术设计与制作行业的培训教材，还可作为广大玉雕设计爱好者的学习参考书。

　　本书编写过程中得到了高兆华、尹春洁的大力支持及指导，在此表示衷心的感谢。

　　由于编者水平有限，书中难免存在不足之处，欢迎广大读者批评指正。

编　者

目录 CONTENTS

模块一 | 白描基础

白描艺术在中国有着悠久的历史。在中国绘画中，白描既是具有独立艺术价值的画种，又是造型基本功的锻炼手段，还是工笔画设色之前的工序过程；中国历代画家对线有着深刻的认识和高超的创造，白描不仅可以勾画静态的轮廓，还可以表现动态的韵律，是中国传统艺术造型的重要表现手段之一。白描集中体现了中国画特有的表现方法，并有着其他艺术形式无法替代的艺术魅力，当代艺术大师们用千姿百态的线，抒发情感，描绘自然，使"线"在艺术作品中拥有独特的魅力。

一、玉器白描设计概述

1. 白描的定义

白描是中国画技法名称，是指单用墨色线条勾描形象、不设色的一种绘画形式，也是中国画的基础训练形式之一。

"尽管新石器时代的先民们在陶器上用线条刻画各种花纹图案是多么稚拙，但是已刻画下中国画的雏形，也深深地烙下中国画——'线'的印记。"在中国画的范畴，迄今能看到的较为完整的白描画是长沙出土的战国时楚墓帛画《人物龙凤帛画》及《人物御龙帛画》（图1-1、图1-2）。

图 1-1 　《人物龙凤帛画》　　　　　图 1-2 　《人物御龙帛画》

　　白描从中国画的"粉本"脱胎出来经历了漫长的历程。唐代的张彦远在《历代名画记》"论顾陆张吴用笔"一节中，记录了以造型为目的线纹的节奏感和线纹在中国绘画中形成画家独特风格时的决定性作用。其中"顾陆张吴"指的是"画家四祖"，即东晋顾恺之、南朝陆探微、南朝张僧繇和唐代吴道子。后人描述顾恺之（东晋）作画，意存笔先，画尽意在；笔迹周密，紧劲连绵如春蚕吐丝。把他和南朝陆探微并称顾陆，号为密体，以区别于南朝张僧繇、唐代吴道子的疏体。顾恺之的《女史箴图卷》（隋代摹本）是中国现存最古老的名画之一，全卷基本用线，以一种"铁线描"的形式，略施淡彩（图1-3）。

图1-3　《女史箴图卷》局部

　　继东晋顾恺之之后，吴道子（唐）一改顾恺之以往那种粗细一律的"铁线描"，创造了笔间意远的"疏体"，以独树一帜的粗细描——"莼菜条"（类似兰叶描）形成古今独步的"吴装"，历代著录的画作有吴道子的《天王送子图》《八十七神仙图》《孔子行教像》等（图1-4）。

图1-4　《天王送子图》局部

　　白描发展至北宋时，成熟并形成独立画种。北宋画家李公麟笔下"扫去粉黛、淡毫轻墨、高雅超逸"的白描画，被后人称为"天下绝艺矣"。李公麟（北宋）的传世画作有《五马图》《山庄图》《维摩诘图》《临韦偃牧放图》等，均被视为传统线描画法教科书式的作品，用笔、用线应变于描绘对象，既丝丝入扣，又充满书法般抑扬顿挫的节奏（图1-5）。

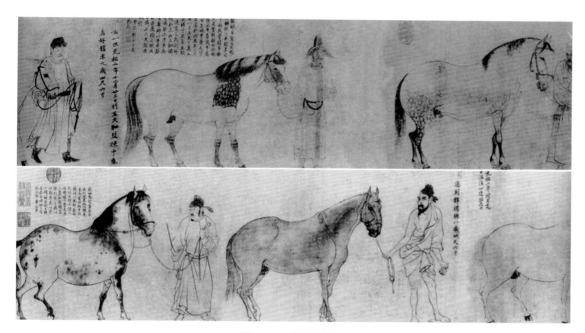

图 1-5　《五马图》

2. 玉器白描设计的定义

　　一般来说，评价一件玉器要从三个方面着手分析：一是材质（器材）美，二是雕琢（雕刻工艺）美，三是意境（设计）美。要达到意境的美，需要玉雕设计者具备一定的审美能力和设计的技能，所以，玉器白描设计对于玉雕设计（雕刻）人员训练造型能力是必不可少的一个过程，掌握玉器白描设计稿的设计与描绘是一位好的玉雕设计师必备的基础技能。

　　玉雕设计师在创作玉雕作品的时候，结合石料颜色、形状等特点，先画白描稿（底稿），继而在雕刻的过程中，随着胚子的成型，再继续完善补充白描稿。这类白描底稿可以称为玉器白描设计稿。

　　玉器白描设计是一种主要以植物、蔬果、鸟兽、人物为表现对象，以线的造型，快速、形象地表达创作意图的为玉器勾勒底图的白描设计（图1-6）。

3. 玉器白描设计的艺术特征

　　玉器白描设计是有一定难度的艺术创作活动，要求设计人员具备一定的美学理论和专业设计知识，掌握所设计对象的比例、结构、形态等多方面知识。在玉器设计中，白描线条可以有许多的如长短、粗细、曲直、疏密、轻重、刚柔和韵律等变化，但是不管如何变化，都一定要服从整体和局部的和谐统一关系。在玉器设计整体布局中，通过每部分的大与小、宽与窄的对比，节奏与韵律的形式美感等法则进行处理。

　　人物类白描设计具有思想性，特征鲜明，体现动势美和情感表露的特点，人物衣纹要求线条合理流畅，飘洒自然，陪衬物大小、背景位置恰到好处，人物形象生动、飘逸、自然，有呼之欲出之感。

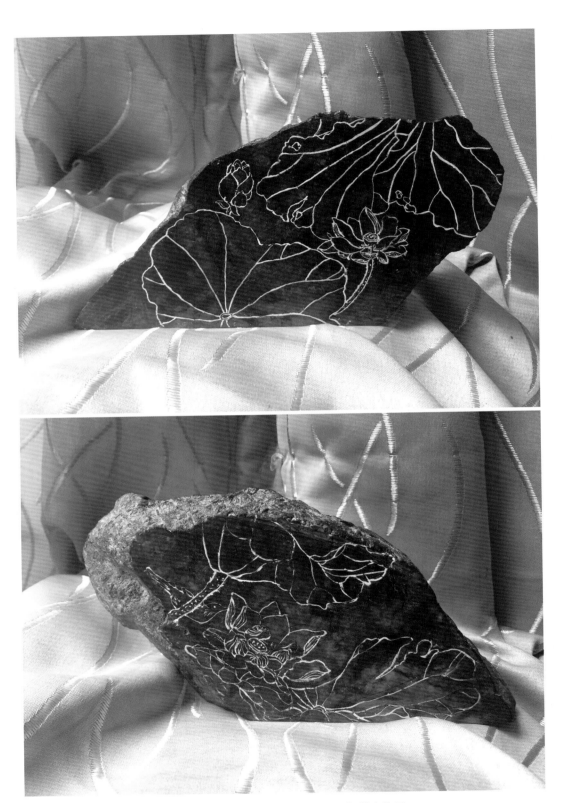

图 1-6 并莲同心 邓丽婷 2015 级学生作品

　　动物类白描设计则要注重表现不同动物的不同特点和习性，如各种动物的比例、骨骼、肌肉的表露；群体动物的设计要注重相互间的关系，赋予其不同的动作、性格和情感。

植物类白描设计要区别植物主干和枝干的特点，要有老嫩之分，强化动势，群枝设计要讲究搭配合理，要做好"穿丝卧梗"和叶子的"翻转向背"。瓶子的设计要做到古朴，比例匀称，纹饰有头有尾，造型有时代感。内容、纹饰和外部造型浑然一体，形成整体美。花骨朵做到生机盎然，娇嫩欲滴，形神兼备。

总之，在玉器白描设计中，遵循形式美、对比美、和谐美的原则，把内部布局与外部轮廓造型有机结合，并注入较高的艺术思想和文化内涵，从而使未来雕刻的作品更臻完美，成为艺术品位极高的玉雕精品。

4. 白描的工具与材料

（1）笔

毛笔按其毛料，分为羊毫、狼毫和兼毫。羊毫笔毛较柔软，笔头较粗，吸水量较大，多用于渲染，如白云笔等。狼毫笔锋较坚挺，弹性较强，笔头尖细，吸水性差，常以此类笔勾线，如衣纹笔、拖线笔等。兼毫笔是由软、硬毛相混制成，兼有软硬毫笔的特点，如加健白云笔、七紫三羊笔等。白描所用多为狼毫笔或兼毫笔（图1-7）。

好的毛笔应具备圆、齐、尖、健四德。

圆指笔毫圆满如枣核之形，就是毫毛充足的意思。笔锋圆满，运笔自能圆转如意。这圆也包括笔杆直（图1-8）。

图1-7　毛笔

图1-8　毛笔四德之圆

齐指笔尖润开压平后，毫尖平齐。毫若齐，笔受力均匀，运笔时"万毫齐力"。因为需把笔完全润开，选购时就较难检查这一点（图1-9）。

尖指笔毫聚拢时，末端要尖锐。选购新笔时，毫毛有胶聚合，很容易分辨。在检查旧笔时，先将笔润湿，毫毛聚拢，便可分辨尖秃（图1-10）。

图1-9　毛笔四德之齐

图1-10　毛笔四德之尖

健即笔腰的弹力。将笔毫重压后提起，随即恢复原状。笔有弹力，则能运用自如。一般而言，兔毫、狼毫弹力较羊毫强，书写起来坚挺峻拔。关于这一点，润开后将笔重按再提起，锋直则健（图1-11）。

此外，毛笔按其笔锋分类，还有长锋、短锋及大、中、小号之分。选购以适用为原则。

（2）墨

图1-11　毛笔四德之健

以前，中国画所用的墨皆为固体墨锭，分松烟、油烟、漆烟三种，用时需加水在砚上研磨成汁使用。松烟墨色泽黑而不亮，适用于写字和画花叶打底；油烟墨色泽黑而光亮，层次也较明显，凝集力、附着力强，适合作画，白描勾线常用此墨；漆烟墨色泽比油烟墨更黑、更亮，但价格高昂，不易买到。一般来说，陈墨比新墨好用。现在市场上有瓶装墨汁，择良者备用即可，但宿墨不用，因其容易掉色。

（3）纸

中国画用纸皆为宣纸，以安徽泾县产的最优。宣纸又分生宣纸和熟宣纸。生宣纸吸水性、渗水性强，多以此作写意画，如净皮宣、棉连宣、玉版宣等。熟宣纸经胶矾水加工而不吸水，多以熟宣纸作工笔画，有云母笺、冰雪宣等。其他如皮纸、毛边纸、高丽纸，因价廉也可代用进行练习。白描一般用熟宣纸。

（4）砚

砚，也称"砚台"，供研墨、调墨用。中国有四大名砚：广东肇庆的端砚、安徽歙州的歙砚、甘肃临洮的洮砚、河南的澄泥砚。现代人使用瓶装墨汁居多，砚台的使用意义就改变了（图1-12）。

（5）其他用具

除了必备的笔、墨、纸、砚外，条件允许的情况下，还可备垫纸用的书画毡，可衬托宣纸，在画线墨多时，有托墨的作用；盛水用的笔洗，以浅盆形瓷质的最好。另外，还需铅笔或木炭条，做起稿用（图1-13）。

图1-12　笔墨纸砚

图1-13　其他用具

二、白描技法

学习白描，首先应从笔墨技法的基本训练开始。"笔为墨帅，墨从笔出"，笔与墨原是密不可分的，为了学习和讲述的方便，现将它们分开来讲。

1. 执笔的方法

白描技法如同书法执笔法一样，以拇指、食指捏紧笔管，中指在前勾住，无名指在后抵紧，小拇指向无名指靠拢辅助（图1-14）。

要求：指实、掌虚。

2. 运笔的要领

无论线条怎样表现，每一条线的形成都体现在笔锋的使用上，由起笔、行笔、收笔三个过程来完成。由于行笔的力度、速度、角度的变化，使线条产生丰富的变化，共同为写形传神服务。起笔时，要注意藏锋，即欲左先右，欲下先上，反之亦然。行笔时要稳，在速度上要根据线的变化而快

图1-14 执笔法

慢结合。慢能够对纸有压力，并能尽量使力度均匀，收笔时要有回锋的感觉，力要送到提锋。

中锋用笔是白描艺术最基本的运笔方法，讲究沉着为贵，取其圆润厚实。

（1）藏锋、露锋

藏锋：起笔时将笔锋藏于线条之中，谓之"欲右先左"；收笔时逆向提笔回缩，谓之"无往不回""无垂不缩"，皆不露锋芒。中锋用笔多用藏锋，将力蕴含于线条之中。

露锋：顺锋入笔或出笔，线条两头皆可露出锋芒［图1-15（a）］。

（2）中锋（正锋）、侧锋（偏锋）

中锋：行笔时，笔管垂直于画面，笔锋收敛并藏于线条的正中间。产生的线条圆润、浑厚。

侧锋：行笔时，笔管倾斜于画面，笔锋处于线条的一侧。产生的线条一边光、一边毛，犀利、枯涩［图1-15（b）］。

（a）藏锋、露锋

（b）中锋、侧锋

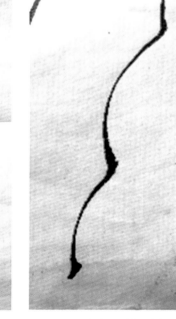

（c）顺锋、逆锋

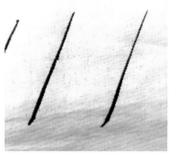

（d）实收、虚收

（e）一波三折

图1-15 运笔要领

（3）逆锋、顺锋

顺锋：行笔时，笔管倾斜于画面，笔管在前而笔锋在后，拉动笔管前行。产生的线条顺畅、挺秀。

逆锋：行笔时，笔管稍斜于画面，笔锋在前而笔管在后，推着笔管倒逆而行。产生的线条毛涩、老辣、苍劲、古拙［图1-15（c）］。

（4）实收、虚收

收笔处出现顿笔或藏锋，叫实收。收笔处出现虚尖，叫虚收［图1-15（d）］。

（5）一波三折

一波三折是指用笔要有变化，勾画的每一条线条，都要有起笔、行笔到收笔的三个过程。勾线时要注意用笔的轻重、快慢、虚实、转折、顿挫、起伏等变化，这样勾出的线条生动、富有节奏和韵律［图1-15（e）］。

3. 用笔的法则

中国画线条变化丰富，一般短线以指与腕的配合运动即可。若勾长线，就需要指、腕、肘、肩关节配合协调动作。为使长线灵活、变化有力，必要时，应悬腕、悬肘才行。用笔的方法虽然较多，但是都应遵循基本法则（规律），即要讲究笔意、笔力、笔韵、笔趣。使笔运墨要笔笔有情，笔笔有意，不然，就会成为死笔、败笔。用笔要"力能扛鼎""力透纸背"，不可软弱、飘浮。对此，前辈有用笔"平、圆、留、重、活"之说。

（1）平

所谓平，是在平稳中求奇峻之力，求力度均衡，行笔速度慢，线条沉稳。

（2）圆

所谓圆，就是要中锋运笔，尤其在线的转折处要如"折钗股"，如"金之柔"，这是一种有韧劲、有弹性的柔力，笔圆气乃厚，笔力柔中有刚，不松脆。

（3）留

所谓留，是使笔迹运动中用力均匀而自然，在凝练中求畅快，如"屋漏痕""虫蚀木"。漏屋墙上缓慢淌流的水渍，积点成线，用以比喻用笔蕴含的力感。要做到留，行笔要慢，力求不急不躁，不飘不滑，自始至终用"意""气"把力度控制住。

（4）重

所谓重，是一种突发力的运用，如"高山坠石"，产生一种气吞山河的气势。下笔之势要肯定、大胆，切忌犹豫不决，拖泥带水。有"力透纸背"之说。

（5）活

所谓活，是用笔要灵动不呆滞。笔的转折、疾徐、轻重、顿挫等动作要运转自如，如"飞鸟出林""惊蛇入草"。意到笔随，意到笔不到，正是为求笔之活脱。笔之活脱，全在心腕配合如一，腕能随心所欲，心活腕自活，腕活笔自活。

执笔、运笔方法

三、临摹花卉、人物白描相关知识

1. 临摹花卉白描相关知识

（1）临与摹

我国绘画遗产非常丰富，前人留下了大量的优秀作品，创作了很多精到的技法。临摹是学习古人和他人技法必不可少的重要手段。通过临摹可以掌握他人用笔、用色、造型、构图、意境等表现方法，避免盲目地探索，少走一些弯路。但是在学习传统的技法时，要"取其精华""去其糟粕"，要"推陈出新"，把传统的技法经过改造加工，用于新时代的创作中去，不断创造出新的艺术形式，使传统技法真正能"古为今用"。

临摹是继承传统，为创新打下基础的重要环节，要高度重视。临摹要遵循用笔的原则，运用相应的笔墨技法，加深对线的表现力和形式美感的体会。临摹一开始，可先选择一些适合自己的优秀作品，反复地练习，待达到一定的熟练程度以后，要"博采众长"，临摹一些其他风格、流派的作品，取人之长，补己之短。为提高和丰富自己的创作打下良好的基础。

临与摹是两种不同的概念。

临是对着原作照样画下来，摹是用薄纸蒙在原作上直接描下来。初学者对临难度较大，要边观察边进行创作，力求精确地达到原作的形神效果，所以对临能锻炼造型及构图能力，能发挥学生主观能动性，收获也比摹写大。

摹写比较容易，形象准确，接近原作，画面效果好。但经常摹写不利于造型、能力的锻炼，久而久之就会形成离了拐杖就倒的弊病。除了对临和摹写外，还有一种方法就是背临，即在临摹的基础上，凭着记忆，摹写出原作的部分或整体。背临能加强记忆力，加深理解原作的技法和经验。无论是对临或摹写，都不能只追求形式，更重要的是神似。

临摹时，不要拿过来就画，必须先仔细观摩临本，研究它的立意、构图、造型、笔墨着色的方法步骤，要领会它的内在精神，不要照葫芦画瓢，只追求外形的一模一样，一丝一毫都不差，甚至连作者的笔误都要照样描下来，这样不经过理解而机械地照抄，最终只能成为一台"复印机"，而不能通过临摹达到"举一反三""触类旁通"的学习目的。

临摹要遵循先易后难、先局部后整体、先求形似再求神似的原则。在临摹过程中，要反复地对照原作，力求忠实于原作，以达到"乱真"的地步。临摹和创作不同，好的创作要出新，好的临摹要乱真。

（2）花卉白描线条的表现

花卉白描是以墨勾线表现花卉形象，从物象体面转折、起伏处概括提炼出线条，再经过取舍和加工而成为独立的花卉白描的表现形式。因此，认识和掌握运用线条造型的规律，就显得十分重要。

花卉白描常用衣纹、叶筋笔勾较粗的线，用拖线笔勾较细的线。多以中锋用笔，勾出不同的线条，以表现形体结构、质感和空间的关系。起笔要长锋，收笔要含蓄。线条要富有弹性，劲健有力。

一般先勾花，后勾叶，再勾枝干。可按从上至下、从左至右、从前至后的顺序完成。

①表现结构

白描花卉运用线条的变化来表现形体结构。一般轮廓线要画得较粗而连贯，转折与皱褶的结构线宜勾得细一些（图1-16）。

②表现质感

白描花卉画的线条因质而异。嫩和软的形象，线条要勾得轻柔，墨色不可太重；质地坚硬的形象用笔勾线要重而挺。草本等光滑的物象线条宜圆浑光洁，木本等粗糙的物象线条宜苍劲老辣，勾藤蔓的线条宜柔韧，分量重的物体宜勾得实而重，分量轻的物体宜虚而淡（图1-17）。

③表现空间

白描花卉的空间感是靠线的强弱对比和线的穿插透视变化来表现的。一般情况是近处的线要勾得实、粗、重、紧，远处的线要勾得虚、细、淡、松，线的各种变化要恰到好处，不可破坏整体统一（图1-18）。

花卉白描

2. 临摹人物白描相关知识

（1）白描的分类

历代画家创造了诸多不同的描法，后人将它们总结为"十八描"。即高古游丝描、琴弦描、铁线描、行云流水描、蚂蝗描、钉头鼠尾描、混描、撅头丁描、曹衣描、折芦描、橄榄描、枣核描、柳叶描、竹叶描、战笔水纹描、减笔描、枯柴描和蚯蚓描。

图 1-16   线条表现结构

图 1-17   线条表现质感

图 1-18 线条表现空间

　　后人总结"十八描"时，应是依据线条本身的形态而定的，这些名称只是归纳式的总结，下面把白描按其应用分类归纳成三大类：

　　①铁线类

　　此类线条匀细，线形粗细变化小或无，行笔速度慢。勾线用中锋，用力平稳均匀，笔在运行中没有上下提按的动作。勾画的细线给人感觉有秀劲古意之气，精细而富于弹性；粗线给人稳重、厚重之感。如东晋画家顾恺之的《女史箴图卷》《洛神赋图卷》、张萱的《捣练图》、周昉的《簪花仕女图》、北宋李公麟的《维摩演教图》等。

　　这类描法包括高古游丝描、琴弦描、铁线描等。这类线条看似简单，其实掌握起来难度较大。它的变化在微妙之间，关键是每一笔勾画都要认真，同时，在整体线形的运笔过程中保持一致，力度把握要求一个"稳"字。行笔有阻力感，追求线条单纯而含蓄的味道。动笔的过程讲究心平气静，始终如一。

　　a. 高古游丝描。高古游丝描是最古老的工笔线描之一，常见于顾恺之的画作。线条提按变化不大，细而均匀，多为圆转曲线。顿笔为小圆头状。

　　b. 琴弦描。琴弦描略比高古游丝描粗些，多为直线。有写意味道，线用颤笔中锋，线中有停停顿顿的变化，大多为直线。

　　c. 铁线描。铁线描相比琴弦描又粗些，但用笔方硬，是最常见的描法之一。转折处方硬有力，直线硬折，似铁丝弄弯的形态。用笔中锋，顿笔也是圆头状。图 1-19 所示是铁线描类，是顾恺之《女史箴图卷》的局部，画面衣纹简略，线条细劲流畅，柔中见刚。

铁线描的画法示范

图 1-19　铁线描类　顾恺之《女史箴图卷》局部

②兰叶描类

此类线条有粗细的变化，线条的粗细、转折、顿挫、虚实的变化近似兰叶的形象。这类线形有种舒展、利落和飘逸的感觉。唐代画家吴道子的《送子天王图》《道子墨宝》等作品经常使用此法。

这类描法包括柳叶描、钉头鼠尾描和竹叶描等。这类线条行笔有快慢的变化，也是中锋用笔，压力不一致，多用在线的中段。线形粗细并用，转折处圆、方笔结合，勾勒时有节奏，运笔有提按、顿挫的动作，讲究用笔的速度变化，强调在快慢中的协调性，快而生动不潦草，慢而厚重不刻板，是自然而然的表现。

a. 柳叶描。柳叶描用笔两头细，中间行笔粗。十八描中无兰叶描。柳叶描和竹叶描类似，都是虚入虚出的笔法。

　　b. 钉头鼠尾描。钉头鼠尾描是著名画家任伯年最常用的线描方法。叶顿头大，而顿时由于大的转笔，行笔方折多，转笔时线条加粗如同兰叶描，收笔尖而细。

　　c. 竹叶描。竹叶描与柳叶描类似，也是中间粗两头细。

　　图 1-20 所示是兰叶描类，是吴道子的《八十七神仙图》局部，衣纹线条处笔势圆转、飞扬流畅，运笔有轻重、缓急、转折、起伏的变化，被誉为"吴带当风"。

兰叶描的画法示范

图 1-20　兰叶描类　吴道子《八十七神仙图》局部

③减笔类

此类线条有粗细的变化，行笔速度快。勾线中锋、侧锋并用，用笔时力量有大有小，行笔速度有快有慢，毛笔在落笔、运笔和收笔中提按动作较大，线条的动势强。这类线条以意笔为主，运笔随机应变，笔势外露，线形简练概括，笔触浑厚，富于情感，写意人物多用此种描法，代表作有《李白行云图》《十六应真图》等。

这类描法包括减笔描和枯柴描等。这类线条行笔快、多用偏锋，压力常常集中在线的一侧，线向面扩展，线形较多、粗细变化明显而且多样，节奏分明。

a. 减笔描。减笔描指的是马远、梁楷等绘画大师创作大写意用的笔法。用笔粗，一气呵成，一笔中有墨色变化。大多只画个外轮廓，用笔简练到极致。图 1-21 所示是减笔描类，是马远《踏歌图》的局部，人物衣纹线条较直，转折较硬，节奏感强，下笔时略有顿挫，行笔速度平稳，线条挺拔有力。

b. 枯柴描。枯柴描即水墨画笔法。用笔粗，水分少，类似皴法。用笔往往逆锋横卧。

图 1-21　减笔描类　马远《踏歌图》局部

（2）程式化的借鉴

在中国绘画源远流长的艺术创作中，有一套流传已久、体系完备又灵活多变的图式规范。它是来源于生活长期的积淀和提炼，在对物象形体结构的认识基础上，按照艺术技巧本身的规律来解释自然界的物象。这种程式化的借鉴抓住了某一物象的基本特征，结合画者的审美追求，加以强化夸张、概括和提高，形成主客观统一、形式感强的艺术形象。

①线描的几种运笔法

用笔要求：中锋勾线（见图1-22）。

a. 由上向下，顿入尖收，由粗渐细，实入虚收。逆锋行笔，落笔顿按，行笔稳并渐提笔，收笔时提起渐虚。

b. 由下向上，顿入尖收，由粗渐细，实入虚收。顺锋行笔，落笔顿按，行笔稳并渐提笔，收笔时提起渐虚。

c. 由上向下，尖入顿收，由细渐粗，虚入实收。逆锋行笔，落笔要虚，行笔稳并渐按笔，收笔时顿笔回锋。

d. 由下向上，尖入尖收，中间逐渐粗，虚入虚收。逆锋行笔，落笔顿虚，行笔稳并渐按笔，至线中段后再将笔渐渐提起，收笔要虚。

e. 由上向下，顿入尖收，由粗渐细，实入虚收。逆锋行笔，落笔顿按，行笔稳并渐提笔，收笔时提起渐虚。

f. 由顿入笔到收笔，"一波三折"，一气呵成。行笔之中多有顿挫、转折、轻重缓慢，线条的粗细方圆富于变化。收笔时提笔渐收。

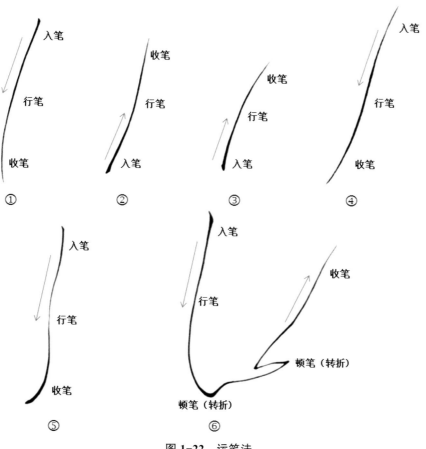

图1-22　运笔法

②衣纹线的表现

线描笔法极为丰富多样，下面举一个例子以供练习参考。

线描的每一条线，无论其长短，都有起笔（入笔）、运笔（行笔）、和收笔的三个过程：

a. 起笔为一条线的开始，收笔是一条线的结束，注意入笔时要果断（意在笔先）、沉稳、准确。

b. 行笔时要挺拔有力、凝重稳健，流畅自然、连贯呼应。注意力度、轻重、转折、顿挫和缓急。

c. 收笔要收得住，有回锋之势，切忌软绵漂浮。

勾画一组衣纹时，不能看一笔画一笔，应把握好线与线之间的整体关系和气势，用笔可以顺锋、逆锋结合，灵活运用。做到骨法用笔、笔笔相连、顿挫有变、笔意不断（图 1-23）。

衣纹线的画法示范

图 1-23 衣纹线的表现

（3）人物比例和动态

在画人物白描之前，首先应掌握好人的比例和动态。

①人的比例——"站七、坐五、盘三半"

人的比例关系是用数字来表示人体美，并根据一定的基准进行比较（图 1-24）。用同一人体的某一部位作为基准，来判定它与人体的比例关系的方法被称为同身方法。分为三组：

a. 系数法，常指头高身长指数，如画人体有站七、坐五之说，即身高在站立着的体位时，为头部高的 7 倍或 7.5 倍；坐着的体位时，为头部高的 5 倍或 5.5 倍，盘着的体位时，为头部高的 3.5 倍。

b. 百分数法，将身长视为 100%，身体各部位在其中的比例。

c. 两分法，即把人体分成大小不同的两部分，大的部分从脚到脐，小的部分从脐到头顶。

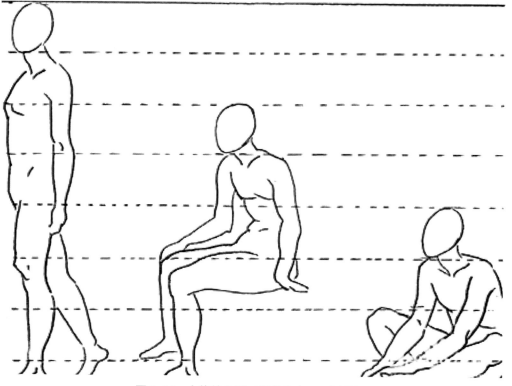

图 1-24 人体的比例（图片来自 360 图片）

②五官的比例——"三庭五眼"

美学家用黄金切割法分析人的五官比例分布，以"三庭五眼"为修饰标准。

a.三庭。三庭是指脸的长度，把脸的长度分为三个等份，从前额发际线至眉骨，从眉骨至鼻底，从鼻底至下颏，各占脸长比例的 1/3。

b.五眼。五眼是指脸的宽度比例，以眼形长度为单位，把脸的宽度分为五个等份。从左侧发际至右侧发际，为五只眼睛的宽度，两只眼睛之间有一只眼睛的间距，两眼外侧至两侧发际各为一只眼睛的间距，各占比例的 1/5（图 1-25）。

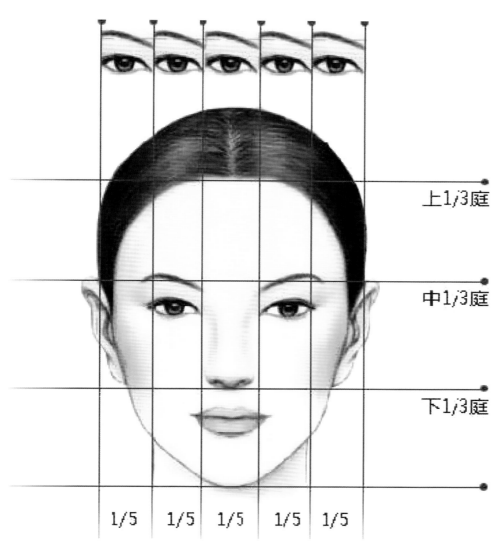

图 1-25 五官的比例（图片来自 360 图片）

模块二 | 植物类玉器白描设计

植物类玉器白描设计采用的是"学赛结合"的模拟教学理念。在每个项目中，分别系统地介绍了玉器白描设计的设计案例、知识点及实训的方式、方法，其中大部分案例都是学生的习作。作为玉器白描设计最直观的应用作品，这些案例能够充分地诠释玉器白描的设计方法与美的法则。

一、项目要求

训练目的	1. 训练学生形象思维与逻辑思维相结合的能力。 2. 训练学生打破固有的观察角度，掌握不同的观察方法去体会和分析，然后提炼观察的结果，进行创作。 3. 对特定的吉祥主题进行创作，深入挖掘存在于事物表象之下的寓意，从玉石的外观造型特点入手，进行分析与解读，挖掘寓意表达、谐音表现的技巧，发挥想象力进行创作，将玉器白描设计的理论知识应用到实践中
项目时间	24 课时
设计要求	随机抽取玉石一块，根据所抽到玉石的造型做以下设计： 1. 纸上（随形）植物类白描设计（素描）正反面各 1 幅，一起装裱于 4 开黑色卡纸上。完成时间约 8 课时。 2. 纸上（随形）植物类白描设计（墨线）正反面各 1 幅，一起装裱于 4 开黑色卡纸上。完成时间约 8 课时。 3. 玉石上（随形）植物类白描设计 1 件（正反面）。完成时间约 8 课时

二、实施过程

实施步骤	实施内容	教师	学生	地点
教师设计技能大赛	1. 玉雕技能设计大赛是以玉器雕刻职业技能考核标准为依据，结合玉器行业实际命题，进行的现场玉雕设计比赛。玉雕技能设计大赛包含纸上设计方案图和玉石实物设计图两部分内容。 2. 设计模拟场景时的精力集中于：了解学生在玉器技能设计大赛中存在哪些问题，使之掌握大赛过程中纸上设计方案图和玉石实物设计图的设计程序及设计方法、表现手段；探究学生在大赛实施阶段中观、思、绘技巧的运用；总结大赛的评比标准	主导	了解大赛	多媒体教室
学生知识、技能准备	1. 每个学生随机抽取一块玉石，并分别为所抽到的玉石做纸上设计方案图和玉石实物设计图。 2. 学生凭借玉器白描设计知识和对玉石的了解，通过观察玉石的形状、纹理等，发挥想象力，进行白描创作	协调引导	汇总分析	多媒体教室
现场模拟	教师把教学的重点放在引导学生进行玉器白描设计上。学生在学习中把白描知识与玉器白描设计实践结合，将描绘玉器白描设计的知识直接应用到玉石（石膏模型）上的白描设计中。教师及时发现、解答学生在动手操作中遇到的各种问题	协调引导	绘制设计方案	设计室
效果评价	待所有学生完成设计后，教师挑选出设计出色的作品。设计作品的学生将其准备工作、实施的收获，以课题讲授的形式向其他同学介绍，教师进行点评	揭示出案例中包含的理论	强化先前讨论的内容	多媒体教室

三、设计案例

玉器白描中植物类题材设计的表现

植物类玉器白描设计的教学重点是训练学生对植物类题材的认知能力、分析能力、表达能力和创造能力；培养学生在吉祥寓意与形式美法则之间，多角度地思考寓意与白描设计之间的关系的能力，具备白描设计的思维方式和表现能力（图 2-1 ～图 2-6）。

图 2-1　花好月圆　朱泽宁　2015 级学生作品

　　月亮自古就是文人墨客用以表达思念之情的对象，是人们一种精神上的寄托。作者碰巧选到的玉石中间有个掏玉镯后留下的圆，像个满月，所以作者决定根据玉石的外轮廓特点，做"花好月圆"的主题，表达了人们对美好的生活、纯洁的爱情和团圆美满的向往。

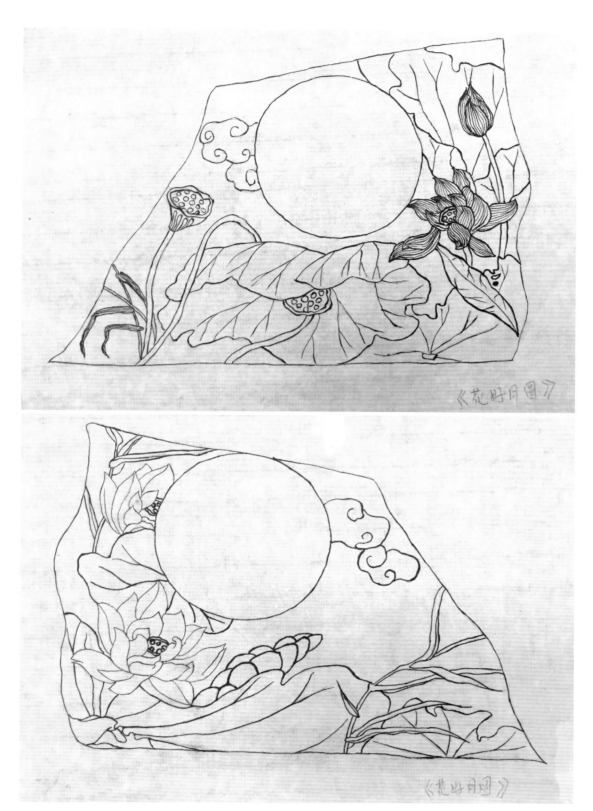

图 2-1　花好月圆　朱泽宁　2015 级学生作品（续）

　　月亮自古就是文人墨客用以表达思念之情的对象，是人们一种精神上的寄托。作者碰巧选到的玉石中间有个掏玉镯后留下的圆，像个满月，所以作者决定根据玉石的外轮廓特点，做"花好月圆"的主题，表达了人们对美好的生活、纯洁的爱情和团圆美满的向往。

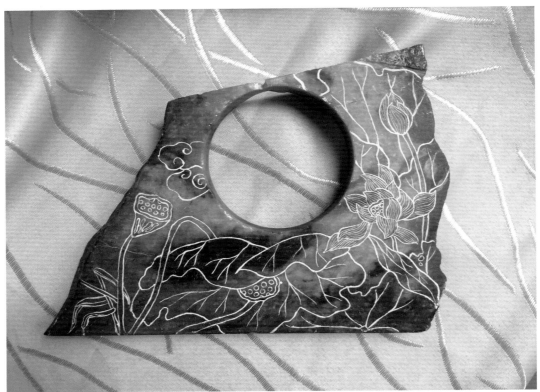

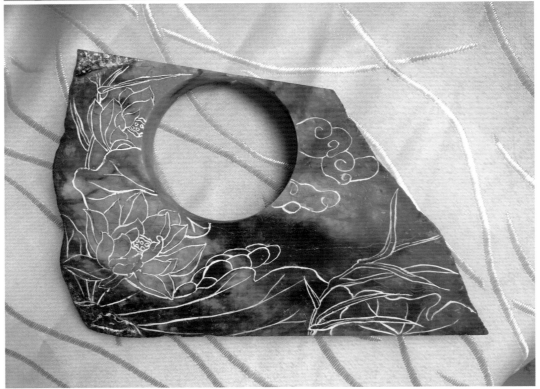

图 2-1 花好月圆 朱泽宁 2015 级学生作品（续）

月亮自古就是文人墨客用以表达思念之情的对象，是人们一种精神上的寄托。作者碰巧选到的玉石中间有个掏玉镯后留下的圆，像个满月，所以作者决定根据玉石的外轮廓特点，做"花好月圆"的主题，表达了人们对美好的生活、纯洁的爱情和团圆美满的向往。

图 2-2　多子多福　黄婉丽　2015 级学生作品

作品中葡萄和石榴都是果多、籽多、枝叶藤蔓茂盛的植物，作者取其寓意"多子多福"、欣欣向荣。

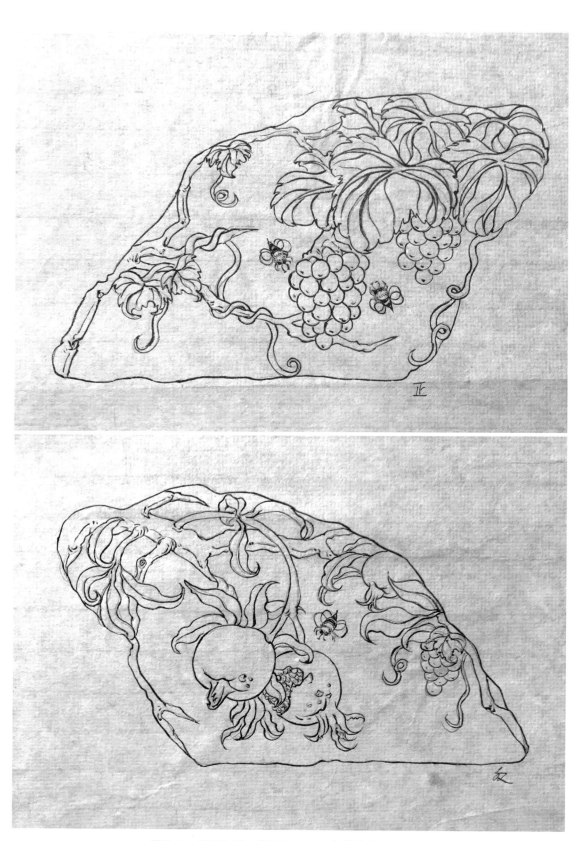

图 2-2 多子多福 黄婉丽 2015 级学生作品（续）

作品中葡萄和石榴都是果多、籽多、枝叶藤蔓茂盛的植物，作者取其寓意"多子多福"、欣欣向荣。

图 2-2 多子多福 黄婉丽 2015 级学生作品（续）

作品中葡萄和石榴都是果多籽多、枝叶藤蔓茂盛的植物，作者取其寓意"多子多福"、欣欣向荣。

图 2-3　并莲同心　邓丽婷　2015 级学生作品

荷花即莲花，有连年有余、和和美美、和气生财的寓意，也有家庭和睦、和顺等寓意。作者在选题材花上首先考虑的是莲叶和莲花，借用上下呼应的莲叶和中间盛开的莲花，来表达"同心"之愿。

图 2-3 并莲同心 邓丽婷 2015 级学生作品（续）

　　荷花即莲花，有连年有余、和和美美、和气生财的寓意，也有家庭和睦、和顺等寓意。作者在选题材花上首先考虑的是莲叶和莲花，借用上下呼应的莲叶和中间盛开的莲花，来表达"同心"之愿。

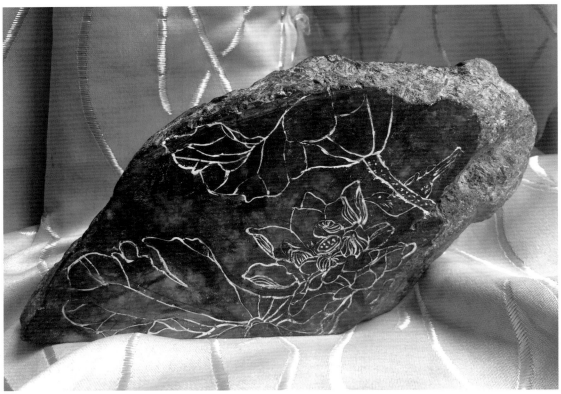

图 2-3 并莲同心 邓丽婷 2015 级学生作品（续）

　　荷花即莲花，有连年有余、和和美美、和气生财的寓意，也有家庭和睦、和顺等寓意。作者在选题材花上首先考虑的是莲叶和莲花，借用上下呼应的莲叶和中间盛开的莲花，来表达"同心"之愿。

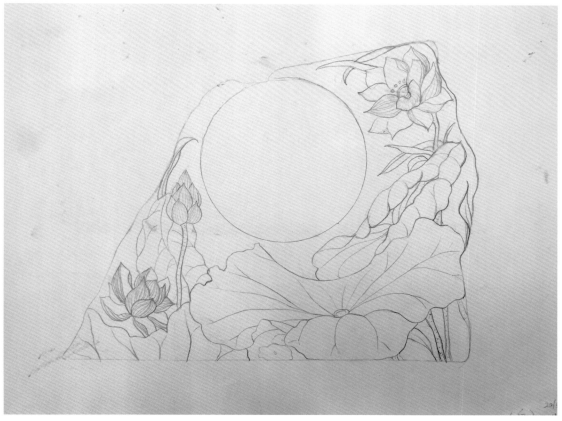

图 2-4　连生贵娃　朱敏姗　2015 级学生作品

作者用生动的青蛙造型，以"蛙"通"娃"，设计了一只青蛙匍匐在莲叶之上，动静之间相映成趣。

图 2-4　连生贵娃　朱敏姗　2015 级学生作品（续）

作者用生动的青蛙造型，以"蛙"通"娃"，设计了一只青蛙匍匐在莲叶之上，动静之间相映成趣。

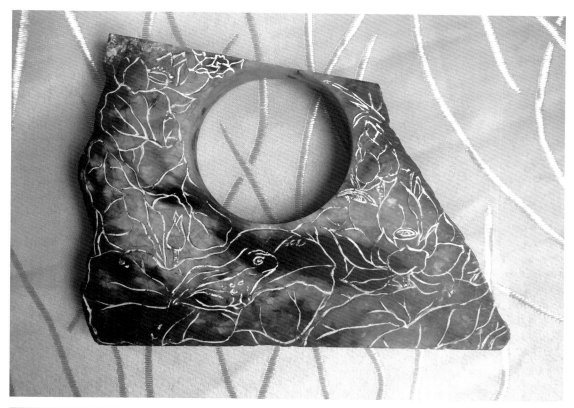

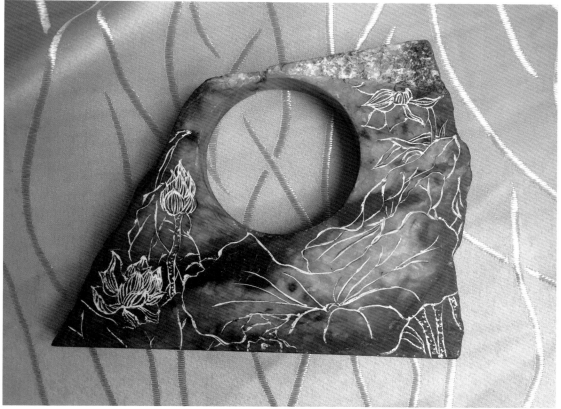

图 2-4　连生贵娃　朱敏姗　2015 级学生作品（续）

作者用生动的青蛙造型，以"蛙"通"娃"，设计了一只青蛙匍匐在莲叶之上，动静之间相映成趣。

图 2-5　多子多福　郭欣梨　2014 级学生作品

该作品结合构成元素中最基本的元素点和面来设计，块面的分割和点成面的运用，丰富了传统的"多子多福"主题。

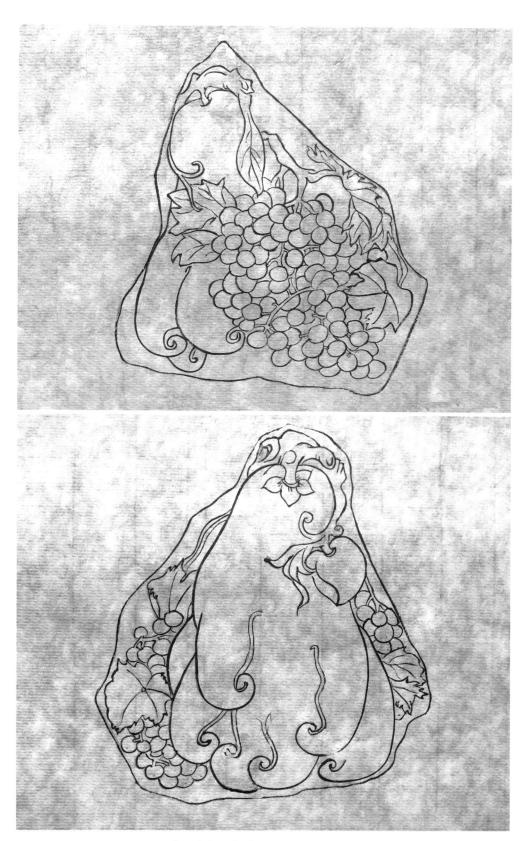

图 2-5　多子多福　郭欣梨　2014 级学生作品（续）

该作品结合构成元素中最基本的元素点和面来设计，块面的分割和点成面的运用，丰富了传统的"多子多福"主题。

图 2-5　多子多福　郭欣梨　2014 级学生作品（续）

该作品结合构成元素中最基本的元素点和面来设计，块面的分割和点成面的运用，丰富了传统的"多子多福"主题。

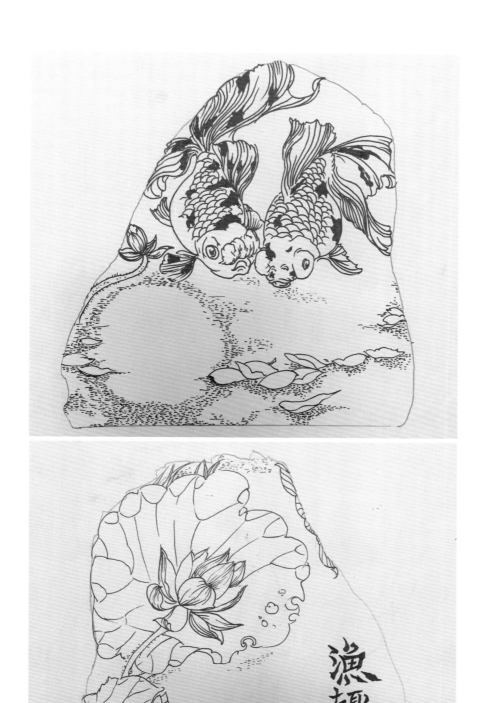

图 2-6　渔趣　曾伟枫　2015 级学生作品

　　一对金鱼戏水中，锦簇多姿，水里倒映着一轮明月，团团圆圆；莲叶莲花，花开祥和，寓意生活美满，象征着合美欢聚、幸福圆满。

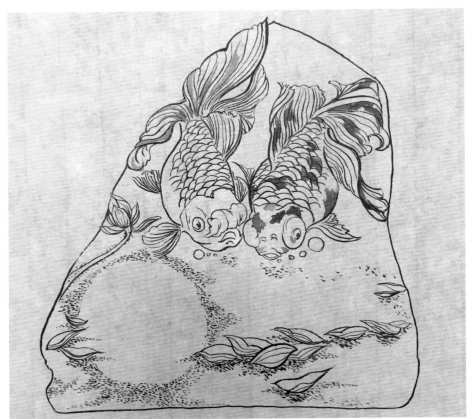

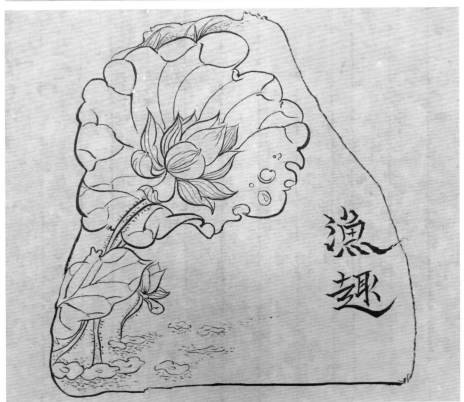

图 2-6　渔趣　曾伟枫　2015 级学生作品（续）

一对金鱼戏水中，锦簇多姿，水里倒映着一轮明月，团团圆圆；莲叶莲花，花开祥和，寓意生活美满，象征着合美欢聚、幸福圆满。

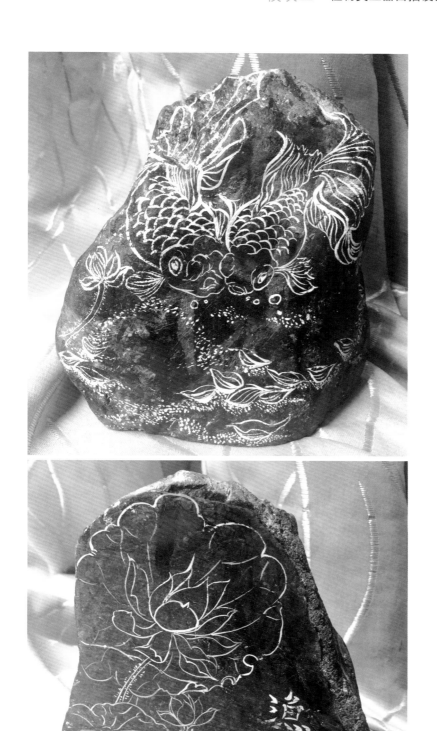

图 2-6　渔趣　曾伟枫　2015 级学生作品（续）

一对金鱼戏水中，锦簇多姿，水里倒映着一轮明月，团团圆圆；莲叶莲花，花开祥和，寓意生活美满，象征着合美欢聚、幸福圆满。

四、相关知识

1. 线的表现手段与效果

线是一种相对复杂又相对简单的表现手段。复杂是指线条暗含着对对象的结构、质感、空间的表达。简单是指物象中最本质的特征与规律靠线条从画面造型的角度，经过主观上的造型意识来取舍、概括与提炼。线在画面上的再现不单纯是客观描绘，更是设计者的思想感情（个性化因素）的体现，通过线条的推敲，把设计者的感受尽可能贴切地表达出来的一种过程。

（1）粗细

从线条本身具有概括性的角度讲，线的粗细可以区分形体结构的质感特征、空间的前后关系以及结构线与辅助线的交接。另外，在画面的视觉感受中，整体造型运用粗线或细线也会产生不同的画面效果。同时，笔法在形体转折处理上运用提按、行顿的手段勾勒出的粗细变化也说明了笔意上的表现力（图 2-7）。

图 2-7　节节高升　洪丽韵　2014 级学生作品

（2）疏密

疏密是白描设计表现中一个非常重要的手段之一。它可以使线条复杂的表现变得有秩序、有层次、理性化。用疏密的相互衬托，并构丰富的对比效果，可以使画面产生节奏感和韵律感。繁密的线条既可细微精致地局部刻画，也可通过富于装饰性、图案式的表现来增加造型味道。疏简的线条则是严谨意识上的凝练，为画面提供含蓄的遐想空间（图2-8）。

图 2-8　莲花　黎芷玲　2010 级学生作品

（3）方圆

线条通过长短、曲直的穿插来表现形体的结构关系，而形体的不同转折则体现了不同的自然形态。寻找轮廓线和结构线的规律性特征，仅仅是正确描绘物象的基础，这其中的方圆微妙的处理，不仅体现着画者的造型能力，而且体现着画者明显的个性和审美观念。方圆线的组合与变化是把物象中具有抽象的结构因素在视觉表达上的具体化，是意象造型观中夸张形式的一部分。可以说，圆中有方、方中有圆的笔法标志着画者用线技巧的造诣以及对线造型的理解层次（图 2-9）。

图 2-9　荷塘月色　王晓茵　2014 级学生作品

（4）虚实

　　虚实是结构中的变化关系，它包含形的层次和线条用笔的效果。两者既是统一的，又能分为两个角度来理解，或是对形体本质，或者是对线条。实是准确把握结构的关系，可以放松，也是灵感与想象力的延伸。虚实结合会使画面显现生动效果，相互作用构成完整的造型整体（图2-10）。

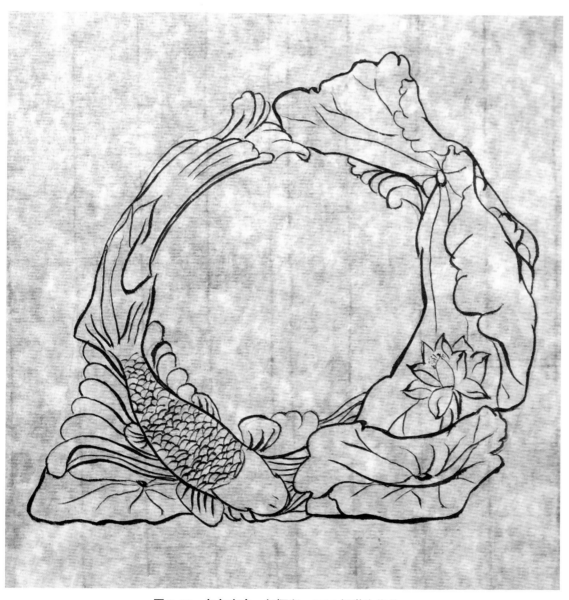

图2-10　年年有余　何颖湘　2011级学生作品

2. 吉祥语的表达

（1）吉祥语的表现形式

吉祥语，又称"吉利话""口彩"，是民间在逢年过节、结婚祝寿、乔迁开张等喜庆日子或隆重场合使用的，期望能给人带来好运的词语。民间认为说吉利话可以为节日庆典增添喜庆气氛，它是人们渴望平安、希望富裕、祈求幸福、热爱生活的具体体现。

吉祥语的表现形式有语素或词、短语、句子等。常用的吉祥语素或吉祥词有"福""禄""寿""喜""财""吉"等。例如"福"字，人们在过年的时候会在庭院里单独张贴一张大大的"福"字，并且还把这"福"字倒着贴，寓意"福到了"。这些单独的吉祥语素一般是在特殊场合下单独张贴使用的，口头上很少单独使用，在口头表达的时候，人们习惯于将它们与语言成分组合成吉祥词语，如带"喜"字的，可以组成"喜酒""喜筵""有喜""抬头见喜""双喜临门"等。

在日常生活中，使用的吉祥语以四字格居多，如"吉祥如意""恭喜发财""招财进宝""开门大吉""寿比南山""福如东海"等。有极少的三字形式的和五字形式的吉祥语，例如，满池娇（缠枝的莲花和顾盼生情的鸳鸯，喻夫妻恩爱，两小无猜）、宜子孙、同心结方胜、新年新气象等。还有句子形式的吉祥语，比如章丘、淄博等地结婚，给新人铺婚帐时说的"一把栗子一把枣，小的跟着大的跑"，女人们一边撒枣、栗子，一边口里念念有词，取"早立子""花着生"（男女双全）的意思。

（2）吉祥语的表现形式分类

吉祥语的表现形式分为两种，即寓意的表达和谐音的表达。

①寓意的表达

寓意就是常说的比喻手法，把花鸟虫草比一种愿望或吉祥语。如把石榴比多子多福、牡丹比富贵、菊花比平安、龙凤比吉祥、鹤鹿比同春、鸳鸯比夫妻、松鹤桃比寿、梅兰竹菊比四季、麒麟比早生贵子等。表示长寿的通常是"鹤寿延年"，民间视鹤为长寿之禽，故有"鹤寿"之说（图2-11）。

图 2-11　多子多福　陈小梅　2014 级学生作品

②谐音的表达

谐音的表达是用一种吉祥语或寓意的谐音组成植物类玉器纹样的表现手法，如元宝和海棠谐音"金玉满堂"，莲花和鲤鱼谐音"连年有鱼"。也可采用实物谐音的方式，如橘子、筷子、生菜象征"吉利""快子（早生孩子）""生财"的祝愿。"吉祥如意"（多为童子手持如意、或在大象背上戏耍；或在大象背上驮着一宝瓶，瓶中插"戟"及"如意"）借"戟"与"吉"，"象"与"祥"音相谐，意为"吉祥如意"等（图2-12）。

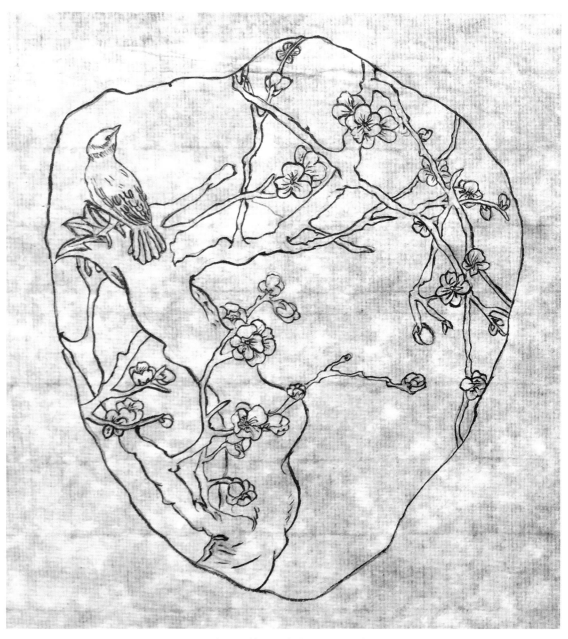

图2-12 喜上眉梢 陈惠英 2014级学生作品

3. 玉器白描的构思

玉器白描的构思途径一般有两种，即因材施艺和因艺施材。因材施艺就是先从材料入手，在材料的造型特征上寻找与构思形同的表达意图，然后确定制作的设计方案。这种创作途径的特点是能发挥材料的特性，需要平时多注意观察和搜集各种玉石材质。因艺施材则是先做出设计方案，再按照设计方案中的要求物色相应的玉石进行加工制作。

（1）常见的造型

常见的玉器白描设计造型分为两种，即规则形和不规则形。

①规则形

规则形可以是圆形，可以是三角形，也可以是正方形、扇形等，要求玉器白描的设计造型在一定的外形轮廓线内，并与其相适合。

玉器白描在规则形内做设计必须重视构图和形象的完整性，特别是以一个或多个形象互相交错，恰到好处地安排在一个完整的外形内，使它们之间相互联系、紧密和谐（图 2-13）。

图 2-13　荷花　林梓妍　2010 级学生作品

②不规则形

很多时候，玉石雕刻会以一种不规则的状态出现，而且会有正反两面不一致的现象，这个时候就要把石料的外轮廓的造型特点纳入玉器白描设计中（图 2-14）。

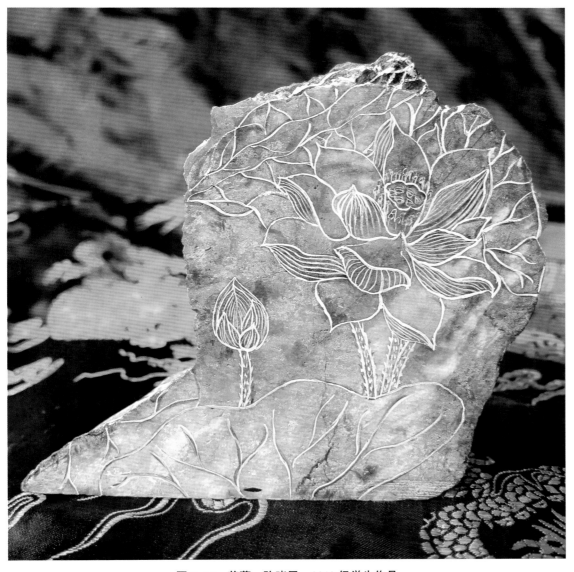

图 2-14　芙蕖　陈晓凤　2010 级学生作品

（2）根据主题做相应的创作

玉器白描设计一般表现的内容有人物类、动物类、植物类、山水类、器皿类等。设计者会根据主题的需要灵活地单选对象或交叉选择对象来达到设计的预期效果。例如，植物类玉器白描设计以花卉为主，部分配以虫草陪衬，疏密相间。单选如"岁寒三友"（松竹梅）、"四君子"（梅兰菊竹）、"玉堂富贵"（玉兰、海棠、牡丹）等，交叉选择如"鹤寿延年"（松树鹤）、"喜上眉梢"（喜鹊梅花），设计者会根据寓意的需要选择多种对象组合在一起表达，多以平安、富贵、吉祥为主题。

（3）植物类玉器白描的构图规律

构图即章法，在"六法"中称为"经营位置"。

构图的规律也即法则，是矛盾对立统一规律在构图中的具体运用。

①宾主

宾主是指玉器白描的设计形象要有主次。"主"是画面的主体内容，"宾"是主的陪衬，二者既形成对比，又互相依存来突出主题。玉雕中常见以花、鸟、虫、鱼等为主，枝、叶、草、石等为宾。

②疏密

疏是指设计画面线或点疏松的部位，密是指线和点密紧的部位，疏密即聚散的意思。疏密在构图中起着重要的作用，要安排得当，密的部分要尽量集中，疏的部分则尽可简略，甚至空白，做到密不杂乱，疏不松散。如花卉与石头相结合的画面，花叶繁密，石头简洁概括，使花卉形象不单调，醒目突出。

③藏露

藏即隐藏，露为显露。画面形象藏露结合，会使人产生联想，有回味的余地，深化意境。例如以石遮鸟，花丛藏石。

④开合

开合的含义众多，一般是指设计画面前后、左右、上下、远近等景物的呼应、对比、收放等关系。一幅设计作品的构图中有近开远合、上开下合、左开右合等多种开合，但无论有多少种开合，应注意整幅设计作品的完整统一。

⑤交插

交插即交接穿插。例如，植物类玉器白描设计要使花枝有前后层次，互相配合，其原则是要有疏密聚散，不可平均罗列；要有主枝、辅枝、破枝，不可大小相等，互相平行。忌十字、米字、鱼刺状、三股叉和规则的几何交叉。

五、任务实训

任务1：纸上（随形）植物类白描设计（素描）

要求：根据抽到的材料造型特点，结合吉祥语素的表达意图，设计素描方案。

该部分实训内容是植物类白描设计（素描）练习，目的是使学生了解植物的生长规律，掌握白描花卉构图的形式，训练学生运用线条造型和组织的能力。用线去分析归纳具体形态的内在结构、质感、空间关系，用线的处理手法去概括、分析、重构，把具象植物形态简化处理为线，但仍需要保留具象植物形态的特征和精神（图2-15～图2-19）。

图 2-15　莲花　黎芷玲　2010 级学生作品

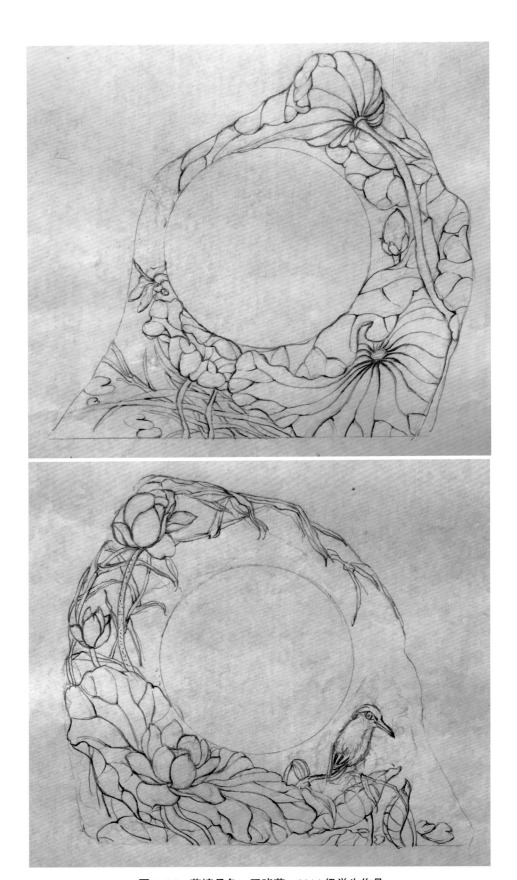

图 2-16 荷塘月色 王晓茵 2014 级学生作品

图 2-17　竹梅报喜　钟清晓　2015 级学生作品

图 2-18 蝶舞翩翩 罗家慧 2014 级学生作品

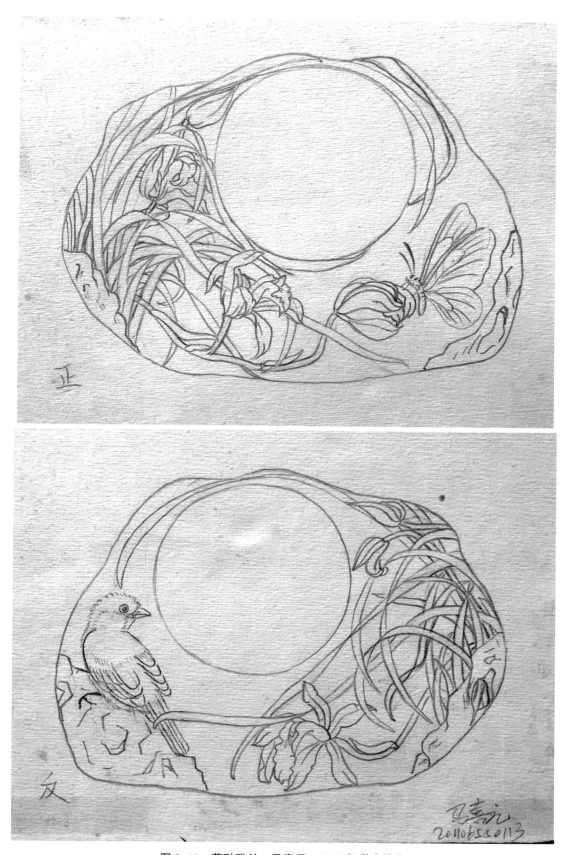

图 2-19 薄醉雅兰 马喜元 2011 级学生作品

任务2：纸上（随形）植物类白描设计（墨线）

要求：根据素描方案绘制白描设计稿。

该部分实训内容是植物类白描设计（墨线）练习，要求学生用毛笔把设计好的玉器白描勾勒出来，难点是白描线条的组织构成和线条在画面上的美感（图2-20～图2-24）。

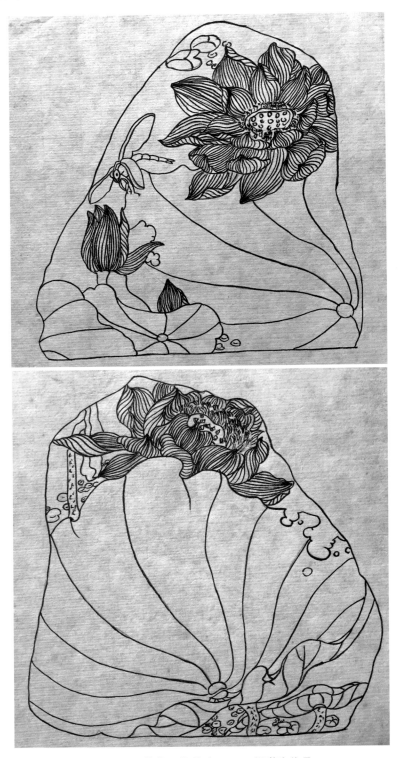

图2-20 莲花 黎芷玲 2010级学生作品

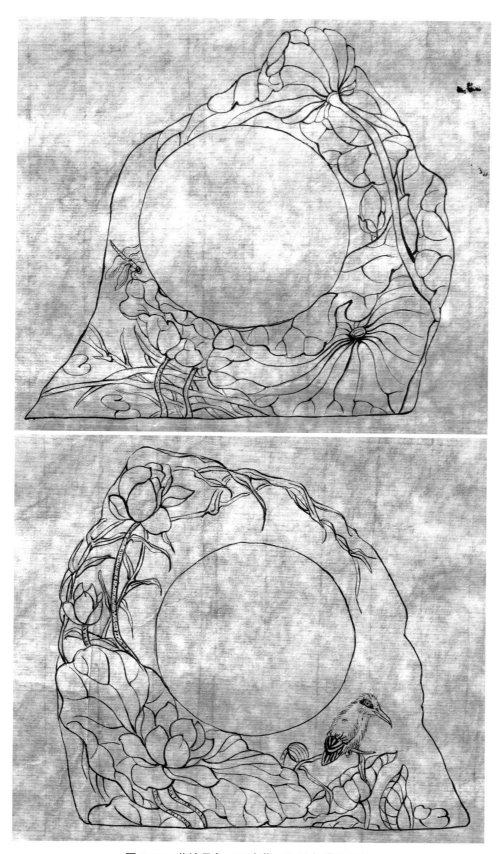

图 2-21　荷塘月色　王晓茵　2014 级学生作品

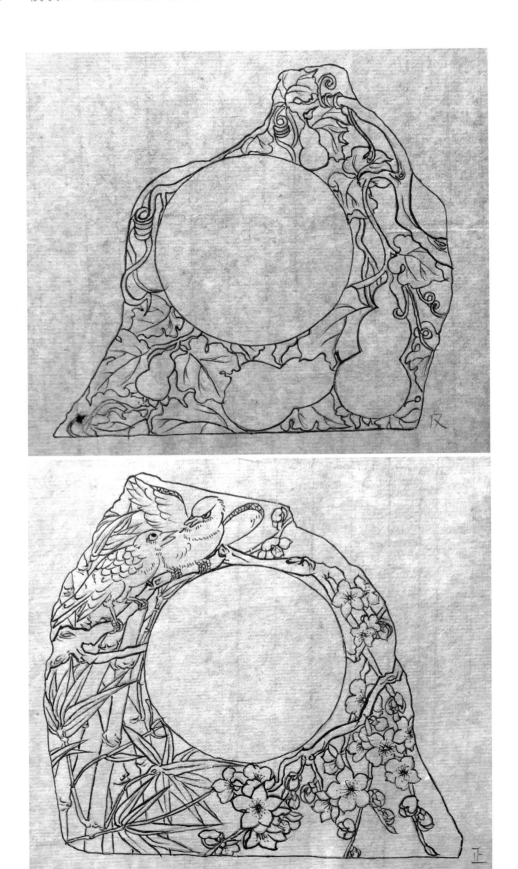

图 2-22 竹梅报喜 钟清晓 2015 级学生作品

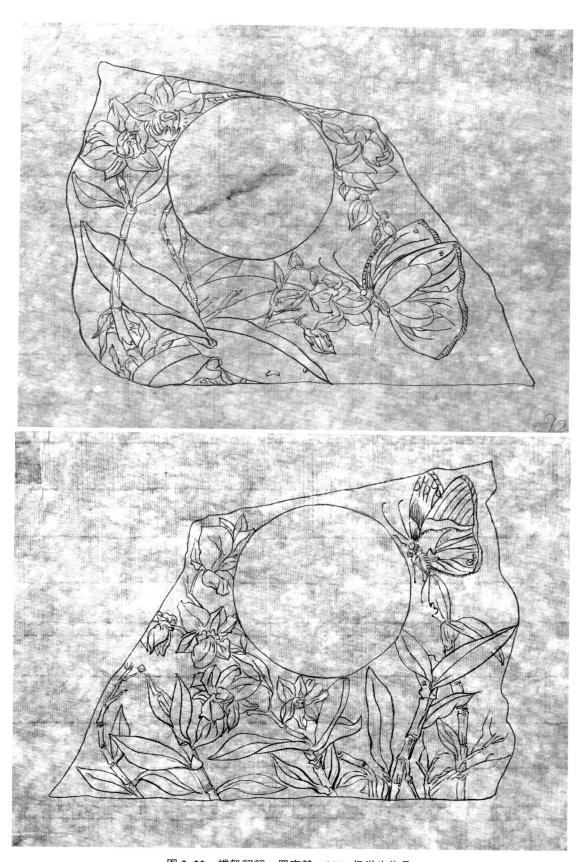

图 2-23　蝶舞翩翩　罗家慧　2014 级学生作品

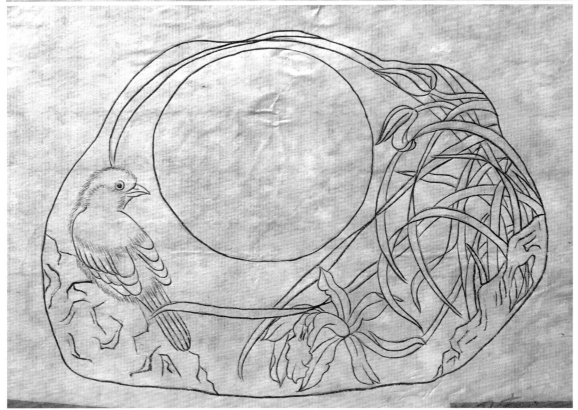

图 2-24　薄醉雅兰　马喜元　2011 级学生作品

任务 3：玉石上（随形）植物类白描设计

要求：根据素描方案和白描设计稿，在所抽到的实物材料上绘制白描。

该部分实训内容是玉石上植物类白描绘制，要求学生突出表现设计者的"琢玉"立意和构思。学生必须掌握玉石上白描的作画技法，掌握以线造型的方法（图 2-25 ~ 图 2-28）。

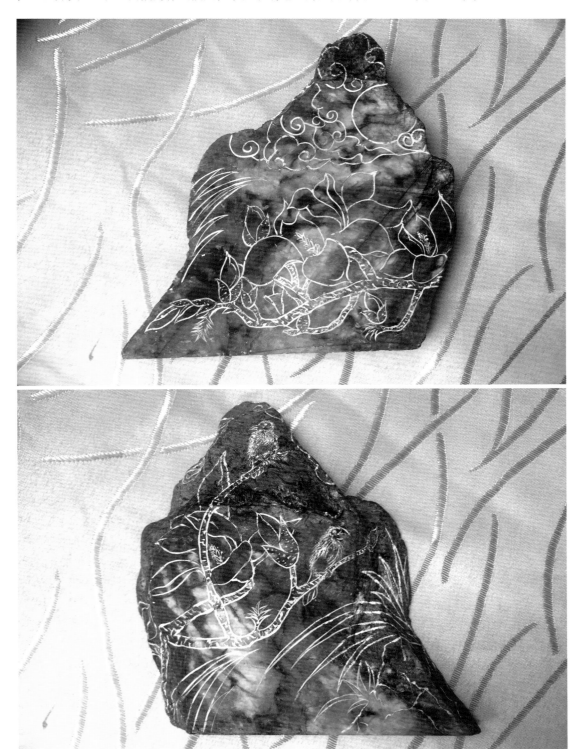

图 2-25　花好月圆　陈晓洁　2014 级学生作品

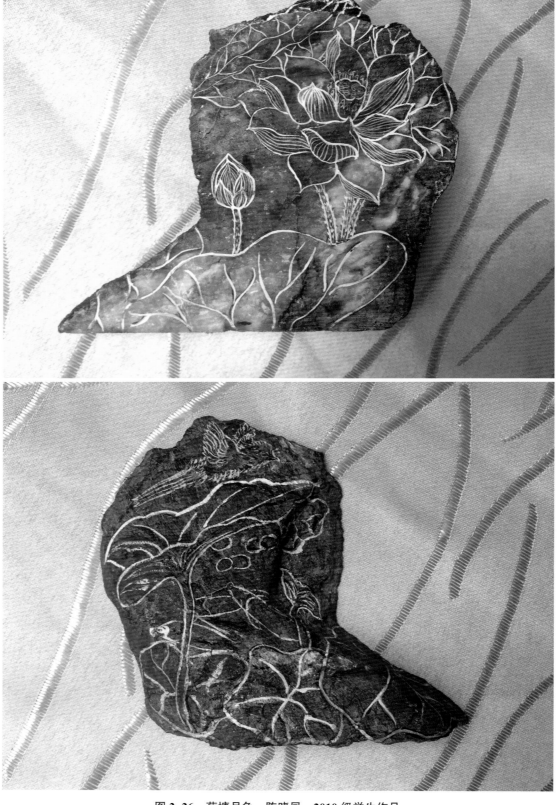

图 2-26　荷塘月色　陈晓凤　2010 级学生作品

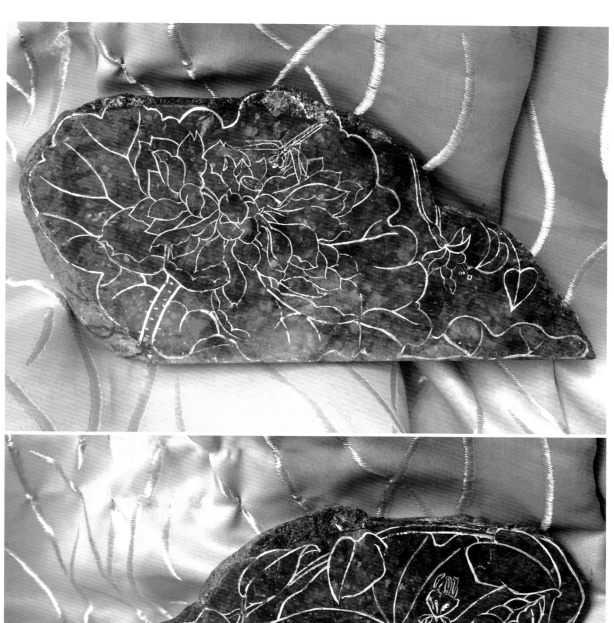

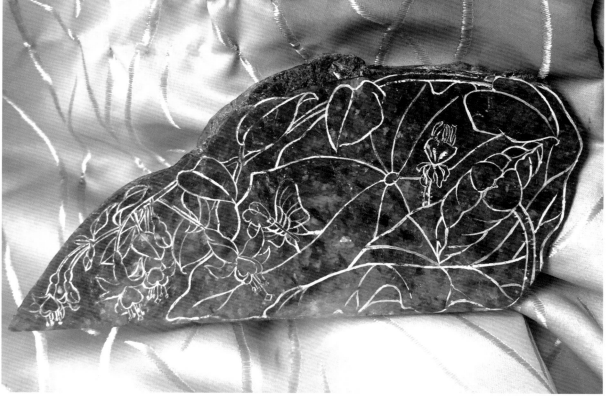

图 2-27　秋鸣　夏爱铃　2011 级学生作品

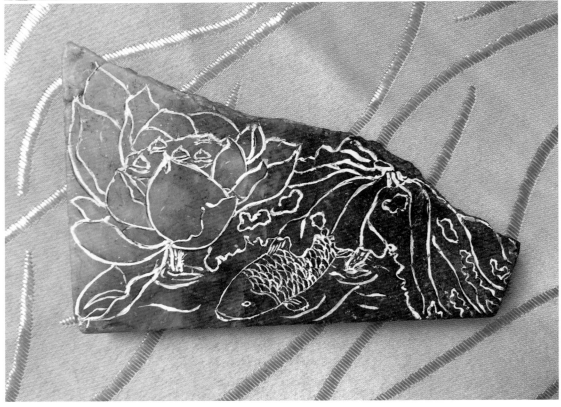

图 2-28　连年有余　王峰杰　2015 级学生作品

模块三 | 人物类玉器白描设计

人物类玉器白描设计采用的是"工作过程"项目教学方式，该模块以人物类白描设计为主，选择了一些以神话故事为主题的创作案例，希望学生能够掌握相关知识。

一、项目要求

训练目的	1. 训练学生形象思维与逻辑思维相结合的能力。 2. 训练学生打破固有的观察角度，掌握不同的观察方法去体会和分析，然后提炼观察的结果，进行创作。 3. 对特定的人物主题进行创作，深入挖掘存在于事物表象之下的寓言，从玉石的外观造型特点入手，进行分析与解读，挖掘寓意表达、谐音表现的技巧，发挥想象力进行创作，将玉器白描设计的理论知识应用到实践中
项目时间	24 课时
设计要求	根据所选主题，做以下设计： 1. 纸上（规则形）人物类白描设计（素描）正反面各 1 幅，一起装裱于 4 开黑色卡纸上。完成时间约 8 课时。 2. 纸上（规则形）人物类白描设计（墨线）正反面各 1 幅，一起装裱于 4 开黑色卡纸上。完成时间约 8 课时。 3. 石膏模型（规则形）人物类白描设计 1 件（正反面）。完成时间约 8 课时

二、实施过程

实施步骤	实施内容	教师	学生	地点
确立项目任务	1. 项目描述：受客户之托为其设计人物题材的玉器白描。 （1）要求按主题或吉祥语的形式选题。 （2）设计包括纸上设计方案图和玉石实物设计图两部分内容。 2. 预期效果：每组实物作品展示及口头汇报（5分钟）	设计主导	理解任务	多媒体教室
成立项目小组	以组为单位。将班级同学划分为若干组，每组2~3人。各组选出一个负责人，与老师联系和协调组内分工等	协调引导	学生执行	设计室
制定方案	1. 每个学生分别为玉石（石膏模型）做纸上人物类白描主题设计（素描）、纸上人物类白描主题设计（墨线）和玉石（石膏模型）人物类白描主题设计。 2. 学生凭借玉器白描设计知识和对玉石的了解，通过观察玉石的形状等，发挥想象力，进行白描创作	协调引导	组内研讨	设计室
实施方案	教师把教学的重点放在引导学生设计玉石（石膏模型）的白描人物主题设计上。学生在学习中，直接把白描知识与玉器设计的工作实践结合，将描绘玉器白描设计的知识应用到玉石（石膏模型）上的白描人物主题设计中。教师及时发现、解答学生在动手操作中遇到的各种问题	指导启发	独立完成	设计室
检查评估	各项目组选一位学生成立两个评委组，以评委组之间交换互评和教师点评的方式开展。 评价标准： 1. 学生在完成任务过程中的参与程度和相互协作的关系。 2. 玉石（石膏模型）纸上设计方案图和玉石实物白描设计图的描绘。 3. 项目汇报的内容和条理	协调引导	客观评价自己的作品，同学间取长补短	多媒体教室
成果展示	挑选出设计出色的作品。由作品设计组将其准备工作、实施的收获和同学分享，教师做点评	指导检查、总结引导	总结归纳	多媒体教室

三、设计案例

玉器白描中人物类题材设计的表现

人物类玉器白描设计的教学重点是训练学生对人物类题材的认知能力、分析能力、表达能力和创造能力。培养学生在主题设计与形式美法则之间，多角度地思考主题思想、立意与白描设计之间的关系的能力，具备白描设计的思维方式和表现能力。力求将玉器白描的知识要点与设计作品结合起来逐一分析和点评，便于学生熟练掌握玉器白描设计的原理与技巧（图3-1～图3-5）。

图3-1　南极仙翁　曾伟枫　2015级学生作品

图 3-1　南极仙翁　曾伟枫　2015 级学生作品（续）

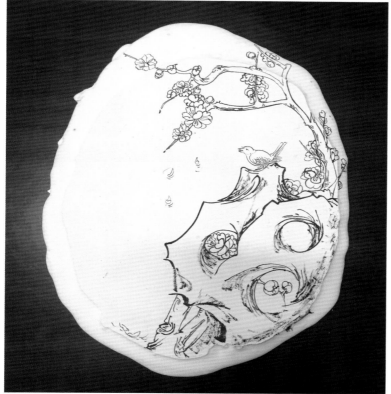

图 3-1　南极仙翁　曾伟枫　2015 级学生作品（续）

图 3-2　吕布与貂蝉　王晓茵　2014 级学生作品

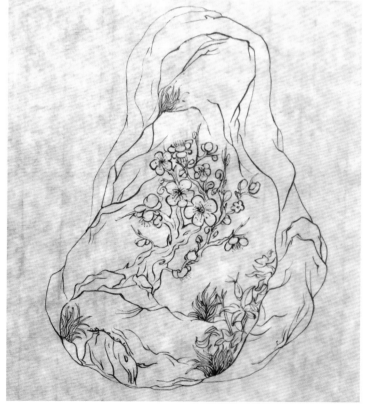

图 3-2　吕布与貂蝉　王晓茵　2014 级学生作品（续）

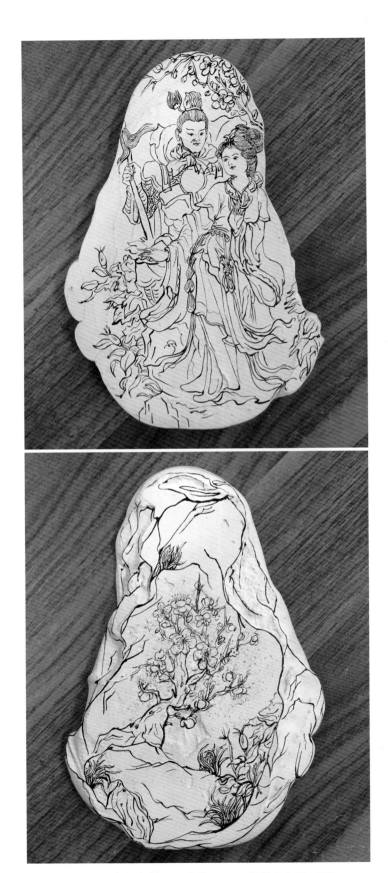

图 3-2　吕布与貂蝉　王晓茵　2014 级学生作品（续）

图 3-3　凤求凰　陈彦婷　2011 级学生作品

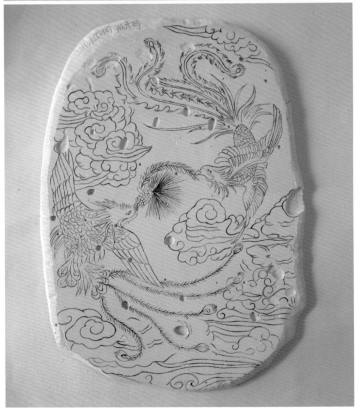

图 3-3　凤求凰　陈彦婷　2011 级学生作品（续）

图 3-4 此去空余黄鹤楼 朱敏姗 2015 级学生作品

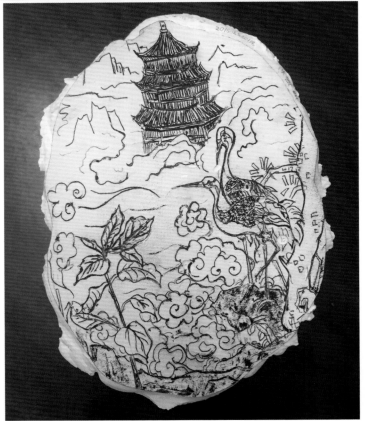

图 3-4　此去空余黄鹤楼　朱敏姗　2015 级学生作品（续）

图 3-5　子承大业　钟清晓　2015 级学生作品

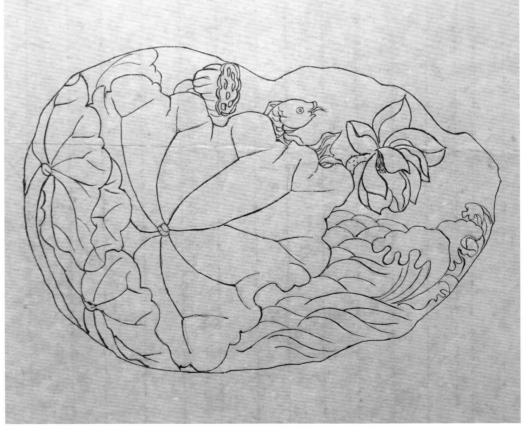

图 3-5 子承大业 钟清晓 2015 级学生作品（续）

图 3-5　子承大业　钟清晓　2015 级学生作品（续）

四、相关知识

1. 形式美的法则

人物类玉器白描设计是使人物和配景有组织、有秩序地进行排列、组合、分解，必须遵循一定的美学设计原则和形式，因此，了解和掌握这些原则和形式对学生学习白描人物造型设计有极大的帮助。

（1）变化与统一

变化与统一是一种普遍使用的基本形式美的法则。在玉雕作品中，由于各种因素的综合作用，使形象变得丰富而有变化，但这种变化必须达到高度的统一，统一于一个中心或主体部分，这样才能构成一个有机整体，变化中带有对比，统一中含有协调（图3-6）。

图3-6 送寿 梁敏华 2015级学生作品

（2）对称与均衡

在玉器白描人物的组合造型中，任何形体，如果以其垂直或水平线为轴，当它的形态呈现为上下、左右或多面均齐时，就称为对称。在自然界中有许多对称的现象，例如动物、飞机的双翼，植物的叶子等。人们在观看这类形体时，对称形式美感往往会给人带来感官的满足。对称形体使人有安定的感觉，对称形式的特点是整齐、统一，具有极强的规律性。

均衡是指在视觉形式上，不同的色彩、造型和材质等要素在不同的空间位置上将引起不同的重量感受。如能很好地调节到安定的位置，即产生平衡状态。对称均衡是指造型空间的中心点两边或四周的形态具有相同且相等的公约量而形成的安定现象；非对称均衡是指一个形式中的两个相对部分不同，但因量的感觉相似而形成的均衡现象（图3-7）。

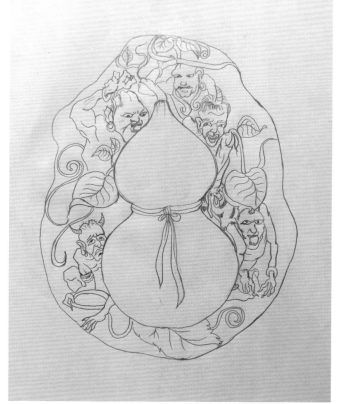

图 3-7　钟馗捉鬼　杜锦浩　2015 级学生作品

图 3-8　国色天香　黄婉丽　2015 级学生作品

（3）对比与调和

对比是指以对比方式各自展示其面貌和特点，以"一石激起千层浪"的效果形成视觉上的张力，使原有的个性更加鲜明、强烈，同时也增强了形体对人的感官的刺激，造成更强的视觉冲击力和视觉效果。对比是形式美感重要的生动语言，它可以改变形态的呆板，产生富有生气、活泼、动感的造型，在对比中，原有的构成要素最大限度地保持要素之间的差异性。可以说，缺乏对比就没有活力，就会失去运动感。

调和是与对比相反的概念，是指共性的加强及差异性的减弱，以求得统一。形态造型上一味强调对比，势必走向认识上的绝对化，不可能从全局的角度去控制造型表现，构成的作品从整体上看是杂乱无章、矛盾重重、支离破碎、毫无整体性的，不可能把人的视觉和触觉带到引人入胜的境地。这就是说，玉雕艺术作品的表现不仅需要量，也需要质，才能实现形态构成的价值，因此需要设计师协调统一形态构成的各个要素（图 3-8）。

（4）节奏与比例

节奏是玉器白描人物造型的一种主要形式感。有节奏才有韵律。节奏是指在空间中各种元素在有规律的变化中产生秩序感。节奏需要在重复中实现，没有重复性，就没有节奏的对比。

比例是指在玉器白描人物造型中形体部分与部分、局部与整体数量上的数比关系，它能体现出形态的美感。自然界的万物和人造之物自身存在着比例，不同性别的人体，比例不同；不同年龄的人体，比例也不同，这些都可以从绘画大师的作品中找到端倪。

基本比例关系有三种：固有比例、相对比例和整体比例。固有比例：一个形体内在的各种比例，如长、宽、高的比例。相对比例：一个形体和另一个形体之间的比例。整体比例：在整体空间中，组合形体的特征或整体轮廓的比例，应该尽量让每个视角看起来都不是很乏味。从水平和垂直方向观察，要注意三种比例之间的关系，使它们达到尽可能和谐的状态（图3-9）。

图 3-9　禅　王峰杰　2015 级学生作品

2. 玉器白描设计的规律

（1）整体性

整体之美大于局部之美，首先思考的是宏观形式和结构，陷入细节就很难把握整体。整体构思原则是立体造型成功的关键，设计时要把握整体的设计观念，防止局部喧宾夺主，这和素描学习的原理相通。整体性是指在内容和形式上，构成的各元素之间有着关联，任何构成单独元素的视觉意义必须被控制在整体的视觉之下，局部只有在整体的关系中才能被认识。设计者在考虑构成中的每一种元素时，都必须在一个宏观思路中去思考，整体原则几乎是所有设计都必须遵循的（图3-10）。

图 3-10 荷塘月色 李樱 2011 级学生作品

（2）简洁、概括性

在形式设计中，要简洁明确、概括洗练，达到整体效果，使形式生机勃勃。力求用简洁单纯的方法来完成整体的塑造，只注重数量不注重质量的堆砌是错上加错（图3-11）。

图 3-11　诗仙　吴震江　2014 级学生作品

（3）主从性

元素有主导和从属之分。主从不分会导致元素之间相互关系的混乱。尤其是处理强对比要素时，必须使一方有明显的优势，才能求得整体的和谐。同样，立体形态的视角的主次关系也必须明确，任何一个产品都有一个主视面，造型才有整体秩序之美（图3-12）。

图 3-12　老莱子戏彩娱亲　马喜元　2011 级学生作品

3. 人物组合主题创作的表现

（1）婚姻爱情、生命繁衍

玉器中很多内容是反映人类婚姻和繁衍主题的，如普遍以鱼莲为主要形象的作品，就有"鱼戏莲""鱼吻莲""莲生贵子""和合二仙"等，远古时代以鱼代表男，以莲代表女，以笙代表对生殖崇拜寓意和内涵（图3-13～图3-15）。

图3-13 凤求凰 陈彦婷2011级学生作品

图 3-14　娃娃坐莲　林桦　2011 级学生作品

图 3-15　渔童　吕昭燕　2011 级学生作品

（2）历史故事、民间传说

这部分玉器的内容多取材于人们所熟悉或喜闻乐见的故事或传说，如《三国演义》《红楼梦》《嫦娥奔月》《精卫填海》等（图3-16～图3-18）。

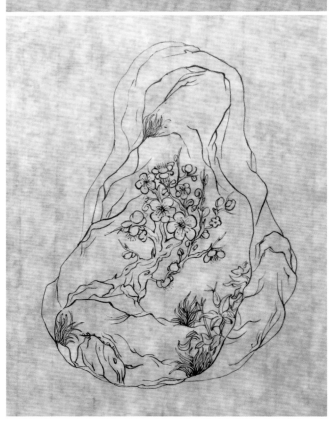

图 3-16 吕布与貂蝉 王晓茵 2014 级学生作品

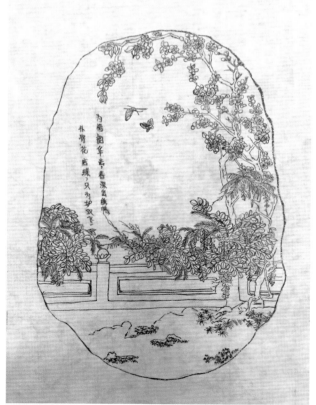

图 3-17　宝钗扑蝶　郭欣梨　2011 级学生作品

图 3-18 精卫填海 梁斯 2011 级学生作品

五、任务实训

任务1：纸上（规则形）人物类白描设计（素描）

要求：根据所做石膏模型的造型特点，结合人物主题创作的中心思想，设计绘制素描方案(图3-19～图3-21)。

图 3-19　和合二仙　邓丽婷　2015 级学生作品

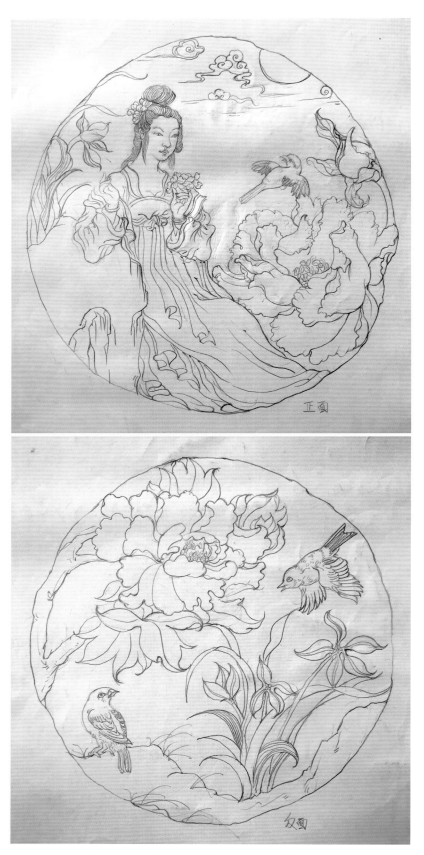

图 3-20 国色天香 黄婉丽 2015 级学生作品

图 3-21 国色天香 肖丽 2014 级学生作品

任务 2：纸上（规则形）
人物类白描设计（墨线）

要求：根据素描方案绘制白
描设计稿（图 3-22~ 图 3-24）。

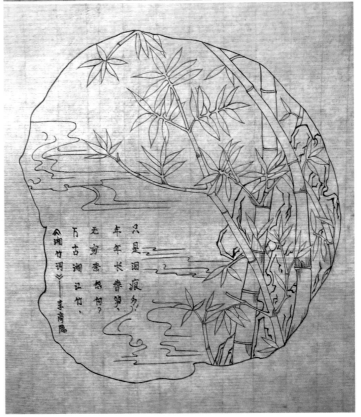

图 3-22 一路连科 刘翩翩 2011 级学生作品

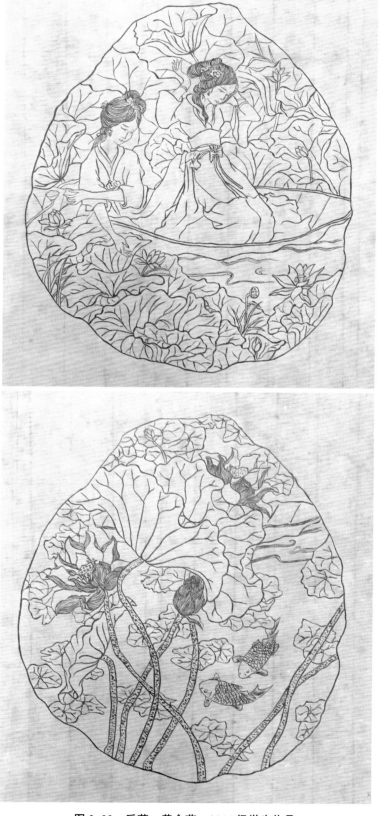

图 3-23 采莲 黄金燕 2014 级学生作品

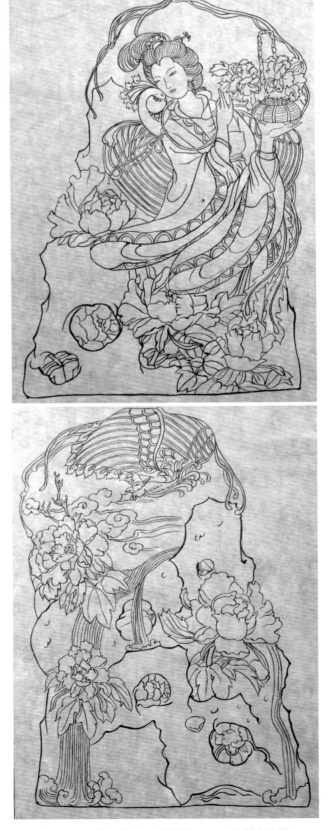

图 3-24　花开富贵　陈泽佳　2011 级学生作品

任务 3：石膏模型（规则形）人物类白描设计

要求：根据素描方案和白描设计稿，在所做石膏模型上绘制白描（图 3-25 ~ 图 3-27）。

石膏模型的制作

图 3-25　吕布与貂蝉　王晓茵　2014 级学生作品

图 3-26　活佛济公　梁家诚　2014 级学生作品

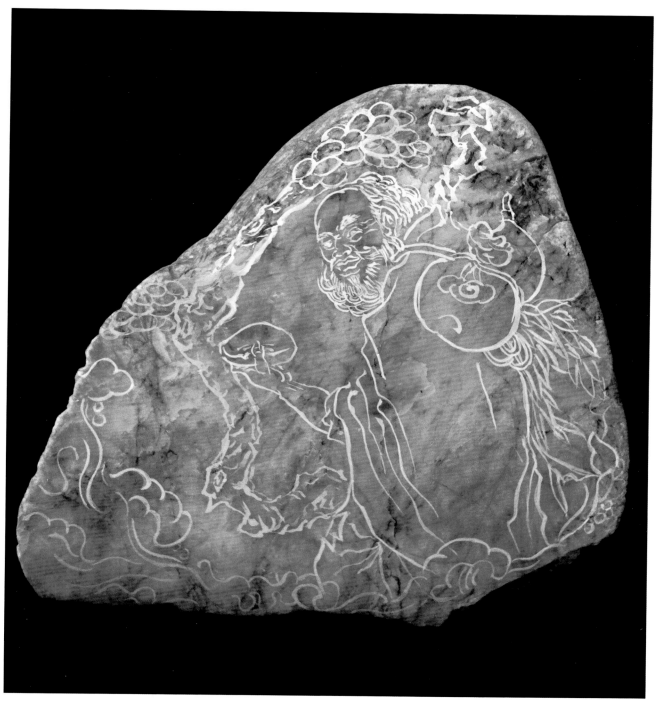

图 3-27　铁拐李　翟永胜　2011 级学生作品

参考文献 REFERENCES ·························· ◎

［1］高慧娟，马丽．浅议白描绘画的艺术特色［J］．大众文艺（理论），2009(12)：119.

［2］张菊．浅谈工笔花鸟画的临摹［J］．文艺生活·文海艺苑，2013(3)：33.

［3］刘葆伟．浅谈玉雕造型设计［J］．中国宝玉石，2001(2)：74-75.

［4］陶月利．浅析中国画的造型艺术——灵动的线［J］．青年文学家，2010(13)：122.

［5］陈旭凤．试论国画教学中对线的认识［J］．漯河职业技术学院学报，2008，7(3)：141-142.

［6］郑蔚珊．行动导向教学模式的探索与实践——以白描课程为例［J］．课程教育研究，2016(11)：37-39.

［7］于东玖．造型设计初步［M］．北京：中国轻工业出版社，2008.